重点污染源自动监控系统

工作实用手册

ZHONGDIAN WURANYUAN ZIDONG JIANKONG XITONG

GONGZUO SHIYONG SHOUCE

生态环境部环境工程评估中心 等 编著

中国环境出版集团·北京

图书在版编目（CIP）数据

重点污染源自动监控系统工作实用手册 ／ 生态环境
部环境工程评估中心等编著． -- 北京 ：中国环境出版集
团，2024. 10. -- ISBN 978-7-5111-6057-7

Ⅰ．X830.7-62

中国国家版本馆 CIP 数据核字第 20247CY197 号

责任编辑　田　怡　张　佳
封面设计　庄　琦

出版发行　中国环境出版集团
　　　　　（100062　北京市东城区广渠门内大街 16 号）
　　　　　网　　址：http：//www.cesp.com.cn
　　　　　电子邮箱：bjgl@cesp.com.cn
　　　　　联系电话：010-67112765（编辑管理部）
　　　　　发行热线：010-67125803，010-67113405（传真）
印　　刷　玖龙（天津）印刷有限公司
经　　销　各地新华书店
版　　次　2024 年 10 月第 1 版
印　　次　2024 年 10 月第 1 次印刷
开　　本　787×1092　1/16
印　　张　14.75
字　　数　275 千字
定　　价　80.00 元

编 委 会

主　　任　　赵群英　　谭民强

副 主 任　　史庆敏　　孙振世　　张辉钊　　王亚男　　周广飞

编　　委　　刘　伟　　钱永涛　　李　铮　　张大为　　白　飞
　　　　　　牛光甲　　吕晓君　　徐伟利　　唐智和　　周　成
　　　　　　林宣雄　　温宗国

编写人员（按姓氏笔画顺序排序）
　　　　　　刁鸣雷　　于　浪　　马　琳　　王　帅　　王　君
　　　　　　王若尧　　王增国　　付金杯　　吕晓君　　朱　伟
　　　　　　庄思源　　刘　健　　刘　辉　　刘承伟　　刘常永
　　　　　　闫　倩　　杨仪方　　邹诚诚　　张　敏　　张　璇
　　　　　　张同星　　张伟亮　　张茂利　　张继星　　林宣雄
　　　　　　周　成　　胡素娟　　徐伟利　　徐莹莹　　凌洪洁
　　　　　　栾　辉　　高雷利　　唐智和　　黄必胜　　曹　娜
　　　　　　崔莉妍　　康志强　　康晶峰　　董智鹤　　强浩东
　　　　　　薄志强　　戴佩虹

统　　稿　　庄思源

前言
Preface

  污染源自动监控作为现阶段应用最广泛的非现场监管手段，可以最直接地反映排污单位的污染物排放情况。我国污染源自动监控制度始于 1995 年，其设计初衷是远程监管污染治理设施是否正常开启和运行。经过近 30 年的发展，目前已经建立了重点排污单位自动监控与基础数据库系统，实现了对全国 7.1 万家重点排污单位、12 万个监控点位的主要污染物及相应参数的实时在线监管。污染源自动监控对促进企业清洁生产和绿色经济的发展、推动生态环境持续改善、助力美丽中国建设具有重要意义。

  目前，污染源自动监控已形成一套相对完整的标准体系，但由于涉及监测、分析、数据传输等多个专业领域，对于从业者具有较高的知识和技术门槛。本书旨在为环保工作者、企业环保管理人员、环境监测技术人员以及相关领域的研究人员提供一个全面、系统的自动监控工作指南。本书内容涵盖了自动监控系统的建设、设备运行维护、数据处理、监督管理等多个方面，旨在帮助读者掌握自动监控的核心技术和管理方法，提升污染源监控的效率和准确性。

  污染源自动监控系统建设是保障自动监控系统正常运行的前提。建设篇详细介绍了监控网络的设计原则、技术要求和实施步骤，包括监测站点的选址、监测设备的选型、数据采集与传输的技术方案等。本篇中"建设背景"由高雷利撰写；"监控中心的建设"由吕晓君、徐莹莹、张敏、薄志强撰写；"污染源自动监控系统数据传输、交换"由于浪、刘辉、唐智和、栾辉、王若尧撰写；"现场端建设"由凌洪洁、张继星、王君撰写；"污染源自动监控的技术验收"由周成、康志强、付金杯撰写；"典型案例"由杨仪方、刘承伟撰写。

  设备运行维护是确保自动监控系统正常运行的关键。运行篇对各类监测设备的日常维护、故障诊断与处理、定期校准等技术要点进行了系统阐述，可以帮助读者建立一套完善的设备维护管理体系。运行篇对数据采集、审核、处理、传输等环节进行了全面介绍，强调了数据质量控制和数据标记工作的重要性。本篇中"日常运维"主要由徐伟利、马琳、邹诚诚撰写，其中"监控中心的运行管理"由曹娜、刘常永、张茂利撰写、"数据传输、交换网络的运行管理"由林宣雄、黄必胜、戴佩虹撰写；"数据审核与处理"由朱伟、刘承伟、王帅、强浩东撰写；"自动监测数据标记"由庄思源撰写；"典型案例"由张同星、闫倩、张伟亮、康晶峰、胡素娟撰写。

监督管理是自动监控系统有效运行的保障。监管篇对自动监控系统的监督管理体系、法规标准、政策制定、执法监管等方面进行了详细解读，旨在帮助读者建立起一套科学、规范的监督管理机制。本篇中"现场监督检查要点"由崔莉妍、刁鸣雷、王增国、董智鹤、张璇撰写；"典型案例"由刘健撰写。

本书的编写团队由生态环境部环境工程评估中心、山东省生态环境监测中心、西安长天长软件股份有限公司、北京雪迪龙科技股份有限公司、中国石油集团安全环保技术研究院有限公司等自动监控领域专业人士组成，结合相关研究成果和实践经验，力求将本书打造成一本实用性、指导性强的工具书，但由于编者专业水平的限制，书中难免存在疏漏、错误之处，恳请广大读者批评指正！

最后，感谢您对本书的关注和支持。我们期待本书能够成为您工作中的得力助手，也期待与广大读者共同探讨和交流自动监控领域的最新进展和发展趋势。

祝您阅读愉快！

《重点污染源自动监控系统工作实用手册》编写组

2024 年 10 月 15 日

目 录
Contents

▋ 运 行 篇

监管篇

建设篇

1 建设背景

当前，我国经济社会发展已进入加快绿色化、低碳化的高质量发展阶段，生态文明建设仍处于压力叠加、负重前行的关键时期，生态环境保护结构性、根源性、趋势性压力尚未根本缓解，经济社会发展绿色转型内生动力不足，生态环境质量稳中向好的基础还不牢固，部分区域生态系统退化趋势尚未根本扭转，美丽中国建设任务依然艰巨。在新征程上，我们必须把美丽中国建设摆在强国建设、民族复兴的突出位置，保持加强生态文明建设的战略定力，坚定不移走生产发展、生活富裕、生态良好的文明发展道路，努力建设天蓝、地绿、水清的美好家园。

1.1 重点污染源自动监控能力建设的必要性、意义

《中华人民共和国环境保护法》规定，重点排污单位应当按照国家有关规定和监测规范安装使用监测设备，保证监测设备正常运行，保存原始监测记录。严禁通过暗管、渗井、渗坑、灌注或者篡改、伪造监测数据，或者不正常运行防治污染设施等逃避监管的方式违法排放污染物。《中华人民共和国大气污染防治法》《中华人民共和国水污染防治法》进一步规定，重点排污单位应当安装污染源自动监测设备，与生态环境主管部门的监控设备联网，保证设备正常稳定运行，并对数据的真实性、准确性负责。

重点污染源自动监控已成为构建现代环境治理体系中一项重要的基础性工作，是落实企业环境治理责任、提升生态环境执法监管效能、巩固污染防治攻坚战果的有效工具。

1.1.1 工作的必要性

（1）自动监控是落实"精准执法"，严厉打击严重超标、屡查屡犯的重点排污单位的重要手段

依托自动监控数据，"十三五"期间环境保护部（现生态环境部）按季度通报主要污染物严重超标的排污单位。2017 年环境保护部公布严重超标企业共 171 家次，督促地方生态环境部门全部查处，共计罚款 9 668 万元，关停 2 家、限制生产 1 家、责令

限期治理 16 家、警告 37 家、罚款 104 家，另有 8 家被同时处以罚款和责令限期治理，1 家被同时处以罚款和限制生产，1 家被同时处以警告和责令限期治理，1 家被同时处以罚款和警告。2018 年通报 281 家次严重超标排污单位，并对 54 家挂牌督办，地方生态环境部门对其中 183 家次排污单位处以罚款 1.8 亿余元、关停 2 家、责令停产整治 15 家、责令限制生产 9 家、责令改正 230 家。2019 年通报 336 家次，督促地方生态环境部门分别实施了关闭、停产整治、限产、罚款、责令改正等措施，罚款金额累计 2.7 亿元，挂牌督办 21 家重点排污单位。2020 年以来已累计通报 79 家次，督促各地对 32 家责令改正违法行为，对 15 家处以罚款，对 5 家责令停产整治，对 40 家责令改正或限制生产并处罚款（罚款金额总计 3 127 万元），其中 7 家持续超标、屡查屡犯的由生态环境部直接挂牌督办。

该项工作对督促当地政府提高环保认识、加强监管，督促企业积极整改、达标排放，成效明显。

（2）自动监控是推动"精准治污"，助力重点区域打好污染防治攻坚战的数据力量

"十三五"期间为京津冀及周边地区大气污染防治强化督查等重点工作提供重点线索。提供京津冀及周边地区"2+26"城市和汾渭平原 11 个城市高架源自动监控 App，累计使用 2 000 余人次；生态环境部电子督办平台 2017 年发送超标督办单约 1 万条，督促地方生态环境部门查处防治污染设施故障或超标近 3 000 起，采取了警告或处罚等措施，累计罚款 2 044 万元，另外督促解决自动监控设施故障 7 000 余起。2018 年发送涉嫌超标督办信息 1.2 万条、数据异常督办信息 5.6 万条，督促地方查处污染防治设施故障或超标 2 262 起。2019 年对京津冀及汾渭平原 39 个重点城市发送超标和异常电子督办信息 10 万余条，并交大气强化监督各帮扶组和地方生态环境部门及时核实与查处。2020 年以来通过超标异常督办平台，对"2+26"城市发送超标督办 5 072 条、异常督办 14 203 条；对汾渭平原 11 个城市发送超标督办 2 302 条、异常电子督办 5 586 条，地方生态环境部门及时进行了核实和查处，其中查处防治污染设施故障或超标 26 起，采取了警告或处罚等措施，累计罚款 206 万元，另外督促解决自动监控设施故障 2 075 起。该项工作为重点区域污染防治攻坚战提供了有力的技术支撑。

（3）自动监控是支撑"科学治污"，完善管理规范，强化地方监管责任和企业自律责任的技术保障

①将生态环境部监控平台发现的异常线索每日向各省（区、市）推送

每日将生态环境部监控中心平台发现的全国范围内自动监控排放异常线索发送至各省（区、市）。督促集团企业强化自律机制，通过共享机制向中石油、中石化、中海油和五大电力集团等央企集团总部提供各集团所属 707 家企业的自动监控数据，督促

集团总部发挥自我约束机制，促使下属企业达标排放。

②发挥技术手段作用做好重大活动保障

亚太经济合作组织（APEC）、G20峰会、青岛峰会、上海进博会等重大活动期间，生态环境部监控平台持续向前方工作组提供周边区域排污单位自动监控数据，提供空气质量保障。

③通过规范指导提高监控体系的管理水平

编印《污染源自动监控常见弄虚作假手段及检查判定手册》，并通过专项培训指导各地开展污染源自动监控数据打假工作；规范和完善监控设施安装、运行、数据质控与联网技术规范。组织协调编制《固定污染源自动监控（监测）系统现场端建设技术规范》，对《污染物在线自动监控（监测）系统数据传输标准》以及现行4个水污染源在线监测标准、2个烟气排放在线监测标准进行修订完善；组织对现有国控重点污染源自动监控系统信息管理平台进行升级改造，落实企业主体责任，强化企业端软件功能，保障原始数据的传输。

（4）自动监控是保障"依法治污"，实现行业闭环监管，深化自动监测数据应用的有力抓手

从重点行业入手，在垃圾焚烧发电行业出台首个执法标准、率先实现闭环监管，深入应用自动监测数据严密监控烟气污染物排放。目前，垃圾焚烧发电行业已经基本实现稳定达标排放；有超过一半的焚烧厂主动向社会公开承诺"我是环境守法者"，接受社会监督，积极化解"邻避"效应；全行业自觉守法、绿色健康发展的局面初步形成。

1.1.2　工作意义

（1）加快建立全国统一的实时在线环境监控系统

在对具备技术条件的国家重点监控企业主要污染物排放全部实施自动监控的基础上，积极推动对钢铁、火电、水泥、电解铝、平板玻璃、造纸、印染、污水处理厂和氮磷排放重点行业排污单位，以及京津冀和长江经济带等重点区域全面加强自动监控管理。目前与生态环境部污染源监控中心联网的共计有7万多家排污单位超12万个监控点，形成了全时监控重点排污单位和排污许可重点管理单位排放状况的"一张网"，覆盖二氧化硫、氮氧化物、颗粒物、VOCs等大气污染物和COD/TOC、氨氮、总磷、总氮等水污染物65%以上的工业排放量。

（2）推动生活垃圾焚烧企业"装、树、联"

全国已建生活垃圾焚烧厂全部依法依规安装污染物排放自动监测设备、厂区门口

树立电子显示屏实时公布污染物排放和焚烧炉运行数据、自动监测设备与环保部门联网。通过"装、树、联"督促生活垃圾焚烧企业落实主体责任，提升行业环境管理整体水平，全面推进环境信息公开透明，推动实现稳定达标排放。

（3）作为生态环境部门有力震慑不法排污企业的"电子警察"

污染源自动监控已经成为对重点排放源全天候监管、落实排污许可制度的重要抓手，为支撑污染防治攻坚战的"精准治污、科学治污、依法治污"持续发挥环境执法技术"哨兵"作用。依据监控数据，近年来生态环境部共通报并督促各地查处严重超标企业 1 420 家，其中限制生产 59 家，停产整治 59 家，责令改正 734 家，罚款864 家，罚款金额累计 9.3 亿元，其中按日连续处罚 4.9 亿元。

（4）多地扩充自动监控应用场景

大多数地区已经将自动监控系统用于精准执法、排污许可持证监管、排污权交易、环境保护税征收等。山西、重庆、山东、福建等地已将自动监控数据用于行政处罚，陕西依托自动监控建立排污单位"红黄牌"制度，江苏全面实施"非现场执法"；地方生态环境部门普遍将自动监测数据公开作为环境监管信息公开和企业环境信息强制披露的主要内容，一方面督促重点排污单位广泛接受社会监督，另一方面鼓励企业通过自动监测数据的主动及时公开，巩固自觉守法、绿色发展的社会形象。

1.2 重点污染源自动监控能力建设

1.2.1 重点污染源自动监控能力建设项目发展历程及建设现状

（1）发展历程

污染源自动监控系统建设工作起源于排污口规范化整治。国家环境保护总局（现生态环境部）从宏观的管理角度对污染源自动监控系统进行了设计，提出了国家环境监控体系的四级层次结构模型，对全国污染源自动监控系统的建设进行了总体的实施规划。从技术应用的视角，我国重点污染源自动监控能力建设的发展可以分为四个阶段：

第一阶段：防范偷排和治理设施不正常运行。

我国污染源自动监控制度设计的初衷是为了强化对重点工业污染源的监管。1989 年发布的《中华人民共和国环境保护法》提出对违反建设项目三同时和擅自拆除、闲置防治污染设施的处罚规定。1991 年国家环境保护局发布的《工业污染源监测管理办法（暂行）》规定，发放或更换"排污许可证"时，污染物排放设施和处理设施须经核查监测合格，正常作业条件下要开展连续监测以检查污染处理设施的运转率和处理效果。1995年国家环境保护局发布了《关于开展排污口规范化整治试点工作的指导意见》（环监〔1995〕679号），组织4省61个城市开展排污口规范化整治试点，在部分重点污染源安装"流量计+污染防治设施运行记录仪（时称：黑匣子）+数采仪（时称：适配器）"并联网。

早期的自动监控设施就是在排污口规范化基础上，通过连续监控企业主要污染防治设施的开关情况，并实时传送至环保部门，判断是否存在偷排，或者治理设施不正常运行等违法问题。

第二阶段：监督重点污染源的持续稳定达标。

《国务院关于环境保护若干问题的决定》（国发〔1996〕31号）提出"一控双达标"，到2000年全国所有工业污染源排放污染物要达到国家或地方规定的标准。

随着监测技术的进步，将污染物浓度的实验室分析过程搬至排污现场自动化运行成为可能。淮河、太湖等重点流域先后启动"零点行动"后，为巩固"一控双达标"成果，防范污染反弹，我国逐步引进国外先进的污染物排放浓度自动监测技术和设备。2000年国家环境保护总局组织建设淮河流域重点污染源自动监控系统，编制固定污染源烟气连续监测系统（CEMS）技术规范，各地环保部门逐步将本辖区重点污染源纳入自动监控联网，远程监控工业废水中COD、烟气中二氧化硫等污染物排放浓度是否持续稳定达标。

第三阶段：保障主要污染物总量减排能力。

2003年国家开始推行排污总量收费制度，《排污费征收使用管理条例》（国令第369号）及配套文件颁布实施，明确了自动监测数据作为核定污染物排放种类、数量第一顺位的依据。为加强管理，2005年国家环境保护总局发布《污染源自动监控管理办法》和用于规范联网的《污染物在线监控（监测）系统数据传输标准》（HJ 212—2017）。

2007年国家启动主要污染物减排"监测、统计、考核"三大体系能力建设，财政部第一批专项资金约7.45亿元用于补助部、省、市建设三级污染源监控中心、健全11项标准规范，部署核心应用软件，覆盖各级环保部门和六千余家国家重点监控企业，上下贯通的全国自动监控网络体系初具规模。

《国务院关于加强环境保护重点工作的意见》（国发〔2011〕35号）提出加强污染源自动监控系统建设、监督管理和运行维护。为提高数据质量，2009年环境保护部印发《国家监控企业污染源自动监测数据有效性审核办法》和《国家重点监控企业污染源自动监测设备监督考核规程》，2012年发布《污染源自动监控设施现场监督检查办法》和配套检查指南。2013 年开始将"自动监控数据有效传输率达到 75%"作为基础性指标纳入国务院对各省"十二五"减排成效的考核。

第四阶段：落实自动监测责任，推行非现场监管执法。

《中华人民共和国环境保护法》修订后，各项法律法规均明确重点排污单位安装使用自动监测设备、保证正常运行和数据真实准确的主体责任。《中华人民共和国国民经济和社会发展第十三个五年规划纲要》提出建立全国统一、全面覆盖的实时在线环境监测监控系统。2017 年《政府工作报告》提出，对所有重点工业污染源，实行 24 小时在线监控，确保监控质量。国务院印发的《"十三五"节能减排综合工作方案》将自动监测数据有效传输率要求提高到 90%。

生态环境部自 2016 年开始试行污染源排放超标电子督办，定期公布主要污染物排放超标的国家重点监控企业名单。在生活垃圾焚烧发电行业推动"装、树、联"，2019 年生态环境部印发《生活垃圾焚烧发电厂自动监测数据应用管理规定》及配套文件，将关键工况参数（焚烧炉炉膛温度）纳入联网，实施数据标记和电子督办，建立了依托自动监控的闭环非现场监管执法行业示范。

2021 年《排污许可管理条例》明确，通过排污单位污染物排放自动监测设备获得的排放数据可作为判定污染物排放浓度是否超过许可排放浓度的证据。《中华人民共和国行政处罚法》将电子数据纳入证据类型。生态环境部 2022 年印发《污染物排放自动监测设备标记规则》，落实排污单位对数据有效性审核负起主体责任；2023 年公布《生态环境行政处罚办法》，规定经过标记的自动监测数据，可以作为认定案件事实的证据。污染源自动监测数据应用的法制基础逐步健全。

重点污染源自动监控能力建设的成效可以体现在以下几个方面：

一是优化执法方式、提高执法效能的重要举措。

现阶段，在社会诚信体系尚不健全的情况下，作为生态环境部门有力震慑不法排污企业的"电子警察"，污染源自动监控已经成为对重点排放源全天候监管、落实排污许可制度、强化重污染应急管控和环境质量保障的重要抓手，为支撑污染防治攻坚战的"科学、依法、精准治污"持续发挥环境执法技术哨兵作用。大多数地方已经将自动监控系统与移动执法"打通"，用于精准执法，总量数据用于排污许可证管理、排污权交易、环境保护税征收等。海量数据也为分析区域污染物总量或单一因子排放趋势、变化态势等奠定了基础，近年来自动监控在重污染天气应急管控、重大活动空气质量保障中也发挥越来越重要的作用。

二是成为提高企业自身管控能力和工艺水平的重要抓手。

主要污染物排放连续自动监测是企业自身环境管理的重要数据来源，目前企业的中控 DCS 系统均会接入末端排放自动监测数据，用于排污者自觉遵守环保法律法规、履行企业环保责任、加强污染防治。连续自动监测数据是唯一能够精准计量主要污染物排放量的途径，《中华人民共和国环境保护税法》将自动监测数据作为第一顺位的计税依据。排污单位可以依据自动监测数据不断调整和优化生产工艺，提高减排设施运行效率，切实提高自身环境管理水平，严格遵守生态环境法律法规和强制排放标准的底线要求，确保主要污染物达标排放。

三是保障公众环境知情权和社会监督的重要形式。

2020 年以来，生态环境部将全国所有生活垃圾焚烧发电厂的焚烧炉运行工况和烟气排放自动监测数据全面向社会公开，有效化解公众疑虑，有利于消除"邻避效应"，也得到了舆论的认可，取得良好效果。地方生态环境部门也将重点污染源自动监测数据公开，作为环境监管信息公开和企业环境信息强制披露的主要内容，一方面督促重点排污单位广泛接受社会监督，另一方面也鼓励企业通过自动监测数据的主动、及时公开，巩固其自觉守法、绿色发展的社会形象。

（2）建设现状

①基本建成覆盖重点源的自动监控体系。目前已建成 1 个国家级污染源监控中心，31 个省级（含兵团）污染源监控中心，321 个地市级监控中心，接入重点污染源近 6 万家，联网监控点近 12 万个。积累存储了"海量"数据，开放了数据代码，实现了数据共享。

②初步形成相对独立的法规标准体系。《中华人民共和国大气污染防治法》《中华人民共和国水污染防治法》，3 个部门规章、10 个标准、30 余个技术规范。围绕自动监控系统已经搭建了一套涵盖技术规范、执法标准、监管模式的规范体系，从企业自主管理到政府行政管理，再到司法刑事管理的管控机制也初步建成。

③积累存储了大量的污染源监控数据。全国重点水和气污染企业的各种维度的数据，浓度、流量、排放量等海量历史数据，为分析区域污染物总量或单一因子排放趋势、变化态势等奠定了基础，为重污染应对等环境管理提供了数据支持。

④在日常监管执法实践中发挥了积极作用。大多数地方生态环境部门已经将污染源自动监控系统与移动执法"打通"用于精准执法，"执法哨兵"对违法行为的震慑防范作用、对执法监管效率的提升作用、对精准执法和精细化管理的促进作用已逐步显现。依据监控数据，"十四五"以来累计公布"黑名单"289 家次、挂牌督办 14 家、罚款逾 1 亿元。自动监控对打击长期超标难以整治等重大特大污染问题发挥了重要作用。

1.2.2　污染源自动监控系统构成及功能

污染物自动监控（监测）系统从底层逐级向上可分为现场端、传输网络和监控中心 3 个层次。监控中心通过传输网络与现场端通信（包括发起、数据交换、应答等）。生态环境部按照国家有关规定组织全国统一、覆盖全面的污染源自动监控联网体系建设，负责制定全国污染源自动监控及相关活动的管理要求和技术规范，并对全国污染源自动监控及相关活动进行监督管理和指导。生态环境部组织建立统一的全国重点污染源自动监控与基础数据库系统（简称自动监控系统）。污染源自动监控系统分级部署在各级生态环境主管部门的监控中心，实现对污染源的远程、实时、在线监管。污染源自动监控系统见图 1-1。

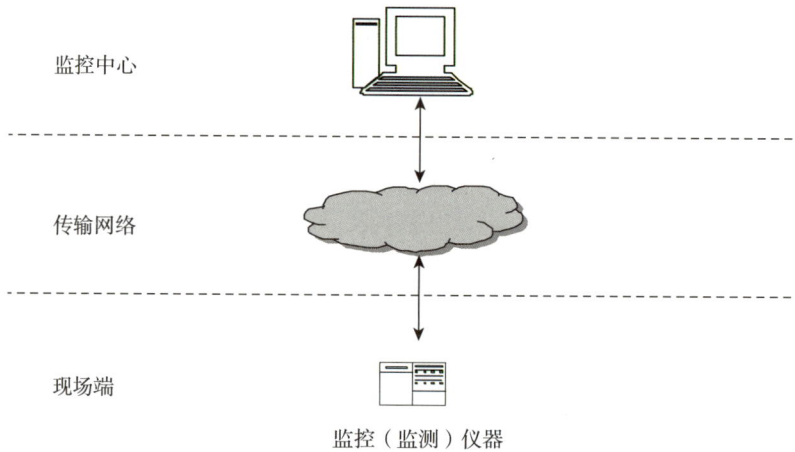

监控中心

传输网络

现场端

监控（监测）仪器

图 1-1　污染源自动监控系统构成

2 监控中心的建设

2.1 概述

根据 2005 年发布的《污染源自动监控管理办法》，监控中心是指生态环境部门通过通信传输线路与自动监控设备连接用于对重点污染源实施自动监控的计算机软件和设备等。实践中，监控中心聚焦重点排污单位数据监控、数据分析、数据应用，全力保障全国自动监控联网体系平稳运行和数据质量提升，开发推送异常线索等功能模块，有力支撑了远程监管执法、监督帮扶、重污染天气应对和重大活动保障等重点工作任务。

2.2 监控中心的构成及基本功能要求

2.2.1 构成

监控中心建立在各级生态环境主管部门，通过通信传输线路与污染源自动监控设备连接，实现对污染源主要污染物排放情况的在线、连续监测并对污染治理设施运行情况实时监控。监控中心在建设过程中，主要包括环境、硬件、平台软件以及应用软件等模块。

（1）环境

机房：建立符合国家标准的机房（防盗、专室专用、恒温、恒湿、防尘、防雷、防静电、防水、气体消防、布局合理等）。

工作区：在监控中心设置工作区，安放客户端 PC 机，便于日常监控值班人员开展工作。

视频及音响系统：视频大屏幕；有功放和混音系统，可同时接入有线和无线麦克风。

会商区：在监控中心设置会商间，便于开展会议讨论。

（2）硬件

服务器：采用安全可靠的高档 PC 服务器，建有容灾备份系统，在两年之内基本满足需要。

网络：可以选用三级的交换机，即核心交换机、骨干交换机、一般交换机，做到 100 M 到桌面，骨干交换机可选用千兆带宽。

硬件防火墙：有条件的可以提高并发连接数、网络吞吐量和支持网络接口的数量来增强安全性。

存储：有条件的可采用 SAN，当选用磁盘阵列时，考虑适当的 RAID 设置。

备份：有条件的可以采用磁带库，也可以采用磁带机，做好灾难备份，以便于快速恢复。

电源：一定要有 UPS（不间断电源）、稳压电源，具体的延迟时间根据具体负载情况决定，但是不能低于 1 h。

（3）平台软件

主要包含操作系统、数据库以及地理信息系统等。

（4）应用软件

主要包含污染源监控基础数据库系统、污染源自动监控系统以及国控重点企业公众监督与现场执法管理系统等。

图 2-1 为监控中心的网络拓扑图。

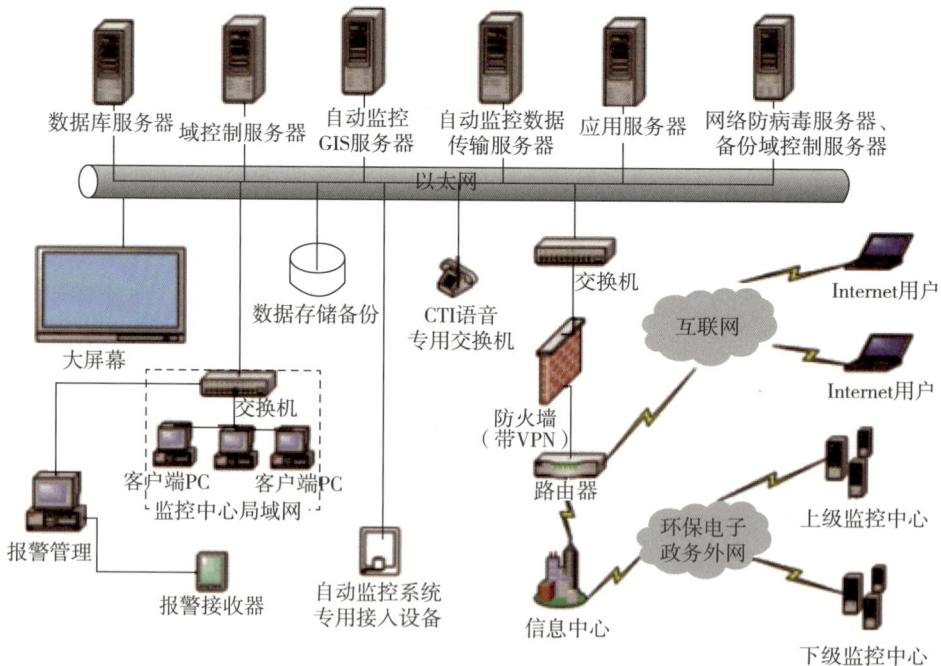

图 2-1　监控中心的网络拓扑图

全国污染源自动监控网络中，国家级、省级、地市级之间联网的物理通道建立在各级生态环境部门信息中心（机房）之间，各级生态环境主管部门信息机构的网络节点（数据中心）与本级污染源自动监控中心保持数据同步。全国污染源自动监控体系结构见图 2-2 [①]。

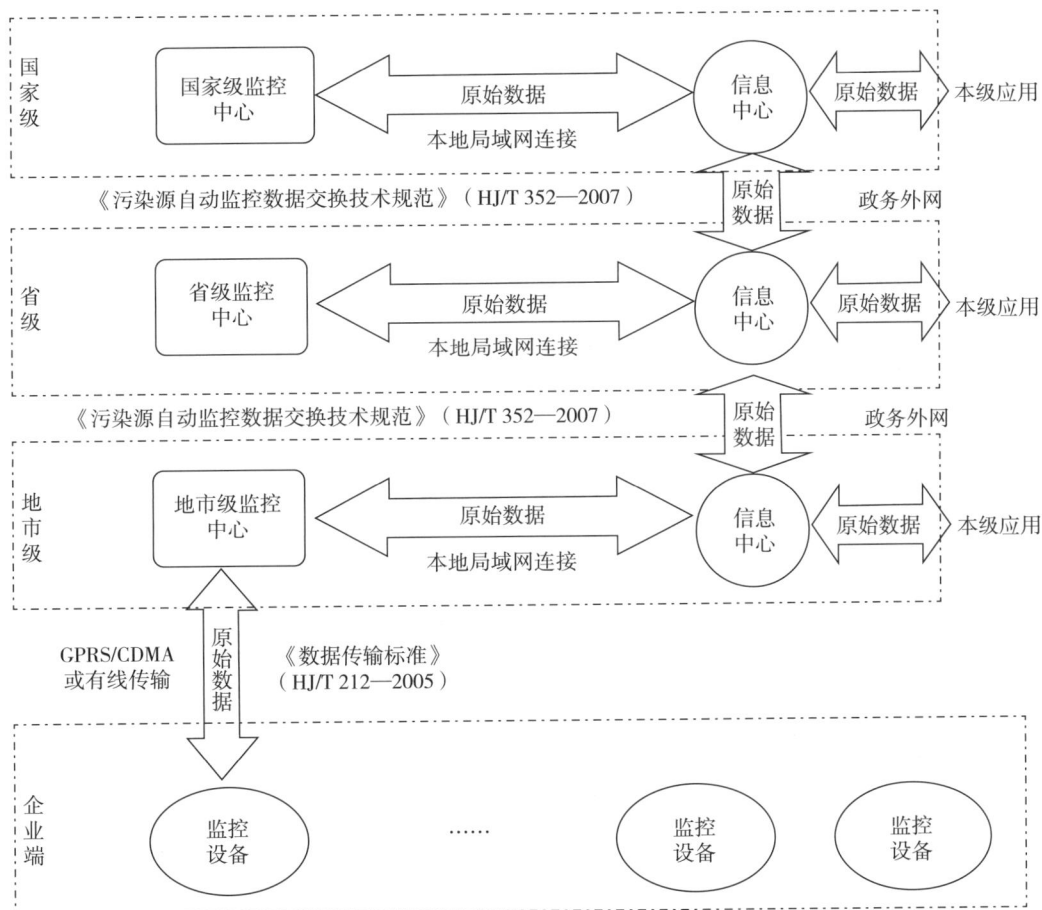

图 2-2 全国污染源自动监控体系结构

2.2.2 基本功能要求

污染源监控中心的基本功能要求通常包括以下几个方面：

①能够对污染源污染物排放情况实施 24 h 监控。

②能自动采集数据、自动传输数据、自动处理及自动分析数据，实现数字化环境管理。

---

① 《污染源监控中心建设规范（暂行）及编制说明》。

③具有报警系统，能接收现场设备报警信息。

④具备接警后立即处理的快速响应能力。

⑤能够实现远程网络控制现场设备。

⑥能够为本地环境应急指挥提供基础数据。

⑦能够为科学核定排污量提供依据，为实现污染物减排服务。

2.3　建设目标、规模和原则

2.3.1　建设目标

确保全国各级生态环境部门建立起符合国家统一要求，功能完备的污染源监控中心。最终形成国家—省—市三级监控网络，使国家可以通过监控网络具备直接掌握重点监控的排污企业污染物排放情况的能力。污染源监控中心的建设目标通常包括以下8个方面：

①实现全面的污染源监控：通过建立完善的监控网络，实现对各类污染源的全面监控，包括工业废水、废气、噪声等污染源的实时监控，以及城市生活垃圾等污染物的排放监控。

②提高监控效率和准确性：通过引进先进的监控设备和传感器技术，提高监控的准确性和效率，同时减少人工干预和错误率，确保监控数据的可靠性和准确性。

③实现数据共享和信息透明：通过建立数据共享平台和信息管理系统，实现各类污染源监控数据的共享和信息透明化，方便相关部门和企业获取实时数据，为决策提供科学依据。

④提升环境治理水平：通过对各类污染源的监控和分析，为环境治理提供科学依据和解决方案，推动环境治理水平的提升，实现环境保护和可持续发展的目标。

⑤增强应急响应能力：通过建立完善的应急响应机制和预案，提高对突发环境事件的应对能力，确保在紧急情况下能够迅速做出反应，减少环境污染和损失。

⑥优化资源配置和管理效率：通过信息化手段优化资源配置和管理效率，降低管理成本，提高工作效率，推动环保产业的可持续发展。

⑦实现数据挖掘和分析：通过对大量监控数据的挖掘和分析，发现潜在的环境问题和管理漏洞，为政策制定和企业改进提供有力支持。

⑧提升公众参与度和满意度：通过公开透明的污染源监控数据和环境信息，增强公众对环保工作的参与度和满意度，推动全民环保意识的提高。

2.3.2 建设规模

建设监控中心前必须对建设规模进行认真测算，保证满足业务需求，避免资源浪费。影响规模的主要因素有：现场监控点的数量、系统访问的人数、存储的数据量等。各地在建设时需要综合考虑当地业务开展的实际情况（包括人员、场地、资金等），合理确定建设规模。根据分类指导原则，污染源自动监控的应用可分为三类5个层次：

第一类为国家级：包括生态环境部，6个督查中心。

第二类为省级（含自治区、直辖市、新疆生产建设兵团）生态环境主管部门。

第三类为地市级生态环境主管部门，又可分为3个等级：

①计划单列市与各省会城市。

②环保重点城市（除①外）。

③其他地市级城市（除①、②外）。

考虑到监控中心的长期应用，监控的范围应包括国家级、省级和地市级的重点工业污染源。

2.3.3 建设原则

（1）分级分类指导原则：体现出国家—省—市三级立体监控网络的思想和设计，根据国家级、省级、地市级不同的业务特点和业务量分别考虑，对地市级也按照不同的环境管理需要进行了分级处理。

（2）灵活建设可扩展性原则：突出表达不同级别监控中心的配置与区别。具有较强的可扩展性，支持与"12369"投诉受理中心、应急指挥中心等的进一步整合、集成和其他业务拓展应用。

（3）先进性、实用性原则：采用较为先进的技术指标，确保在一定时间内不落后。紧密结合全国环保实际，针对环保工作特点，确保系统使用简便，功能完备。

（4）安全可靠原则：应符合国家相关规定和国家、行业标准要求，具备较高的安全保密性，强化存储备份，确保可靠稳定运行。

监控中心的设计应符合国家相关规定和国家、行业标准要求，同时各地在实际建设过程中应考虑与环境突发事件应急等项目的结合。

2.4 建设标准

监控中心包括基础硬件设施、应用系统平台、监控端专用设备、显示系统环境、网络及安全系统、数据存储备份系统、监控中心应用软件7个组成部分，不同规模的监控中心建设标准也有所不同。

2.4.1 国家级监控中心建设标准

（1）适用范围

适用于国家级固定污染源监控中心。

监控污染源个数在 15 000 个以上的监控中心可参考本级标准。

（2）基础硬件设施

服务器共 11 台，客户端 PC 6 台。

自动监控数据传输服务器 2 台：配置二类服务器，部署自动监控通信服务系统，接收现场机发送污染源监测数据包、对数据包进行解析、上报数据。

应用服务器 3 台：配置二类服务器，分别部署污染源监控基础数据库系统、污染源自动监控系统、国家重点监控企业公众监督与现场执法管理系统 3 个系统。

自动监控 GIS 服务器 2 台：配置一类服务器，保证 60 G 数据的大型地理信息系统的稳定运行，保证足够的访问量和并发数。

数据库服务器 2 台：配置一类服务器，至少保证 15 000 个监控点的数据量交互，同时还能够确保其他方面的数据访问要求。

域控制服务器 1 台：配置四类服务器，部署网络管理软件对网络中服务器和客户端进行管理。

网络防病毒服务器、备份域控制服务器 1 台：配置四类服务器，部署存储备份软件。同时承担防病毒服务功能，部署网络版防病毒软件，保证服务器和客户端安全。

客户端 PC 6 台：配置一类客户端 PC，其中 4 台作为监控中心客户端计算机，2 台作为公众监督与现场执法管理系统专用计算机。

上述设备配置详细性能参数见表 2-1。

表 2-1 设备性能指标

设备名称	性能指标
一类服务器	配置机架式，4 颗双核 CPU，每颗 CPU 主频 3 GHz，16 GB DDRII 内存，256 MB 缓存 RAID 控制器（支持 RAID0/1/10/5 等），4×146 GB SAS 硬盘，支持双多功能千兆网口，双 HBA 卡，支持热插拔冗余电源，3 个热插拔 PCI-E 插槽
二类服务器	配置机架式，4 颗双核 CPU，每颗 CPU 主频 2.2 GHz，8 GB DDRII 内存，256 MB 缓存 RAID 控制器（支持 RAID0/1/10/5 等），4×146 GB SAS 硬盘，支持双多功能千兆网口，双 HBA 卡，支持热插拔冗余电源，3 个热插拔 PCI-E 插槽
三类服务器	配置机架式，2 颗双核 CPU，每颗 CPU 主频 3 GHz，8 GB DDRII 内存，256 MB 缓存 RAID 控制器（支持 RAID0/1/10/5 等），4×73 GB SAS 硬盘，支持双多功能千兆网口，支持热插拔冗余电源，3 个热插拔 PCI-E 插槽
四类服务器	配置机架式，2 颗双核 CPU，每颗 CPU 主频 2G Hz，4 GB DDRII 内存，256 MB 缓存 RAID 控制器（支持 RAID0/1/10/5 等），4×73 GB SAS 硬盘，支持双多功能千兆网口，支持热插拔冗余电源，3 个热插拔 PCI-E 插槽
一类客户端 PC	能够运行 64 位操作系统，双核 CPU，2 G 容量 DDR2 内存并可扩容，千兆网卡和 128 MB 显存配置，19 英寸的液晶显示器
二类客户端 PC	能够运行 64 位操作系统，双核 CPU，1 G 容量 DDR2 内存并可扩容，千兆网卡和 64 MB 显存配置，17 英寸的液晶显示器
一类投影单元	单屏分辨率不低于 1 024×768（XGA）；输出亮度不低于 850ANSI 流明；对比度不低于 1 600：1；整屏色彩和亮度一致性 95% 以上；屏幕拼缝小于 0.5 mm；显示单元支持视频和 RGB 信号直通输入和显示，信号经过处理后，可以在显示单元的任意位置以窗口方式显示，操作员可以对显示窗口任意移动、无级缩放；显示窗口可以跨屏显示，可以实现互相重叠以及画中画效果；单个显示单元中，直通信号可以和多屏处理器桌面信号同时显示；直通信号的数量可以扩展，单个显示单元最多可支持 9 个直通的视频信号同时显示。投影面积不小于 2.5 m（高）×5.5 m（宽）
一类投影控制系统	支持最少 2 路计算机 RGB 信号的直通，每个投影单元实时显示，支持 2 路网络信号的接入，可显示多路的计算机网络应用和网络信号。系统支持和显示单元相同数量的全制式标准视频信号（PAL、NTSC 和 SECAM）输入拼接控制器。支持通过专用软件，把用户的工作站的高分辨率显示信号通过以太网络输入、处理并在大屏幕上显示，此信号的分辨率不低于 4 096×1 536，显示刷新速度不低于 15 帧/s。支持对其他系统的控制接口，实现和其他控制系统多种方式的集成；可无缝支持 Christron、AMX 等中控系统的联控
一类矩阵切换系统	8 进 8 出的 RGB 矩阵和 16 进 16 出的音视频矩阵，每通道缓存不少于 32 M，支持 8 位、16 位、32 位颜色，支持最高达 1 600×1 200 分辨率

17

续表

设备名称	性能指标
二类投影单元	单屏分辨率不低于 1 024×768（XGA）；输出亮度：不低于 850ANSI 流明；对比度不低于 1 600：1；整屏色彩和亮度一致性 95% 以上；屏幕拼缝小于 0.5 mm；投影机支持视频和 RGB 信号直通输入和显示，信号经过处理后，可以在显示单元的任意位置以窗口方式显示，操作员可以对显示窗口任意移动、无级缩放；显示窗口可以跨屏显示，可以实现互相重叠以及画中画效果；单个显示单元中，直通信号可以和多屏处理器桌面信号同时显示；直通信号的数量可以扩展，单个显示单元最多可支持 9 个直通的视频信号同时显示。投影面积不小于 1.03 m（高）×2.74 m（宽）
二类投影控制系统	支持高精度的触摸定位技术，触摸定位精确度至少应该达到 1 mm，并做到实时响应；触摸过程不需要专用的触摸笔，用手指就能够直接触摸操作。系统能自动识别手指 / 手掌等不同的触摸方式，以实现不同的操作。支持智能的触摸定位、电子黑板、分屏显示和在任意显示界面上书写以及保存等功能
二类矩阵切换系统	8×4 的 RGB 矩阵和 16 进 16 出的音视频矩阵。通过 2 个输出通道和显示单元连接，支持 8 位、16 位、32 位颜色，支持最高达 1 600×1 200 分辨率

（3）应用系统环境

根据各种服务器、客户端 PC 机的数量和配置种类决定配备的操作系统、数据库等软件的数量。

服务器操作系统 11 套，其中 9 套为企业版、2 套为标准版。

客户端操作系统 6 套，配备标准版。

数据库系统 1 套，使用大型数据库管理系统，具有强安全性、可伸缩性和可用性。能够进行数据管理和数据挖掘、分析，能够提供全面的报表解决方案，能够在多个平台、应用程序和设备之间共享数据，更易于连接内部和外部系统。易于创建、部署和管理。

GIS 软件 1 套，保证大数据量的 GIS 数据的发布、创建 GIS 数据库，支持 GIS 功能的二次开发，支持大型地理信息系统的运行，并具有良好的可靠性和安全性。

存储备份软件 1 套：保证数据流不再经过网络而直接从磁盘阵列传入磁带库内，无须占用网络带宽。

（4）监控中心应用软件

污染源监控基础数据库系统 1 套：建立统一格式的重点监控污染源基本信息、生产工艺、污染治理设施、排污状况、排污数据等数据库，加入实时监控数据，形成动态的、全国联网的污染源排污情况监控台账，在统一采集的基础上，统一核定排污数据，为减排考核服务。

污染源自动监控系统 1 套：按照生态环境部的标准规范（数据传输协议和数据交换标准规范），实现所有排污口的实时监控数据传输到各级监控中心，使污染源自动监控系统直接起到监控、报警、处置的作用，同时保证实时监控数据按生态环境部的格式要求记入污染源数据库。

国家重点监控企业公众监督与现场执法管理系统 1 套：利用"12369"全国统一呼叫号码，建立公众举报数据库，将各种公众举报、投诉和日常执法监察信息，纳入统一联网管理。及时发现国家重点监控企业和其他排污单位的违法排污情况，并与污染源基础数据库、在线监测数据库、执法监察数据库、行政处罚数据库、公众举报数据库关联；及时进行现场检查，记录现场执法信息，形成执法数据报告，实现数据上传，满足国家对重点监控企业的动态管理。

（5）监控端专用设备

自动监控系统专用接入设备 1 套：用于与排污企业现场数据采集与传输设备实时通信，确保传输链路正常稳定连接。同时，企业端接口也必须能响应监控中心对数据主动采集的要求。

监控端 CTI 语音专用交换机 1 套：至少支持 4 路外线、4 路内线，可脱离计算机或服务器独立工作；至少满足 20 000 h 录音记录要求，支持传真、短信功能，支持人工值班和电脑值班。IVR 及座席软件必须与国家统一开发核配的"国家重点监控企业公众监督与现场执法管理系统"配套。

实时报警接收设备 1 套：能够与企业端现场监控设备联网，实时接收企业端发送的报警数据包，同时满足接收现场设备报警信息的需要。

（6）显示系统环境

投影单元：配置一类投影单元。

控制系统 1 套：配置一类投影控制系统。

矩阵切换系统 1 套：配置一类矩阵切换系统。

音响系统 1 套：包括 4 个音箱、调音台、无线麦克风、碟机等。

上述设备配置详细性能参数见表 2-1。

（7）网络及安全系统

路由器 1 个：4 个插槽、包转发率 1 Mpps，3 个 10/100/1 000 M 端口。

交换机 1 个：3 层，背板带宽 64 Gbps，线速转发能力大于 13.2 Mpps，包转发率 48 Mpps，6 个业务插槽。

硬件防火墙 1 个：标配 4FE，支持 1 个扩展槽，可选的接口模块包括 1FE/2FE/4FE，最高支持 8FE，提供 1 个配置口（CON）、1 个备份口（AUX），带 VPN。

网络入侵检测系统 1 套：具有 1 个千兆监听接口、RJ45 及光纤接口可选择，还可以扩充 1 个千兆监听接口，同时具有 1 个百兆管理端口。支持加密传输，可以使用桌面操作系统，支持与防火墙联动，可以通过分级管理，实现多个控制台可同时管理多个探测引擎支持桌面操作系统。

网络防病毒软件 1 套：网络威胁自动防御，在无须干预的前提下，不间断地为局域网络提供防护，使其免受病毒、蠕虫和其他各种恶意代码的威胁，支持 50 个用户。

网管软件 1 套：能够支持网管协议的网管软件平台、网管支撑软件、网管工作平台和支撑网管协议的网络设备组成。能够提供网络系统的配置、故障、性能及网络用户分布方面的基本管理。具有高级警报处理、网络仿真、策略管理和故障标记等功能。

KVM 切换器 1 个：连接控制系统 16 口。

UPS 电源 1 个：额定容量 20 kVA，配满电池。

（8）数据存储备份系统

光纤交换机 2 台：配置 16 口光纤交换机。2 台互作冗备。

阵列柜 1 台：可扩至 20 T，配置 6 T。

磁带机 / 存储设备 1 台：最大配置磁带槽位 24，最大配置驱动器数量 2 个，驱动器接口类型 FC、SCSI，配置磁带数量为 20 盘 LTO-2 磁带，1 盘清洗带。

机柜 4 个：42 U 标准机柜。

2.4.2 省、自治区、直辖市监控中心建设标准

（1）适用范围

适用于省、自治区、直辖市等省级生态环境主管部门的监控中心。

监控污染源个数在 2 500 个以上的监控中心可参考本级标准。

（2）基础硬件设施

服务器共 10 台，客户端 PC 6 台。

自动监控数据传输服务器 2 台：配置三类服务器，部署自动监控通信服务系统，接收现场机发送污染源监测数据包、对数据包进行解析、上报数据。

应用服务器 3 台：配置三类服务器，分别部署污染源监控基础数据库系统、污染源自动监控系统、国家重点监控企业公众监督与现场执法管理系统 3 个系统。

自动监控 GIS 服务器 1 台：配置二类服务器，保证 30 G 数据的大型地理信息系统的稳定运行，保证足够的访问量。

数据库服务器 2 台：配置二类服务器，至少保证 2 500 个监控点的数据量交互，

同时还能够确保其他方面的数据访问要求。

域控制服务器 1 台：配置四类服务器，对网络中服务器和客户端进行管理。

网络防病毒服务器、备份域控制服务器 1 台：配置四类服务器，部署存储备份软件。同时承担防病毒服务功能，部署网络版防病毒软件，保证服务器和客户端安全。

客户端 PC 6 台：配置二类客户端 PC，其中 4 台作为监控中心客户端计算机，2 台作为公众监督与现场执法管理系统专用计算机。

上述设备配置详细性能参数见表 2-1。

（3）应用系统环境

根据各种服务器、客户端 PC 机的数量和配置种类决定配备的操作系统、数据库等软件的数量。

服务器操作系统 10 套，其中 8 套为企业版、2 套为标准版。

客户端操作系统 6 套，配备标准版。

数据库系统 1 套，使用大型数据库管理系统，具有强安全性、可伸缩性和可用性。能够进行数据管理和数据挖掘、分析，能够提供全面的报表解决方案，能够在多个平台、应用程序和设备之间共享数据，更易于连接内部和外部系统。易于创建、部署和管理。

GIS 系统软件 1 套，保证大数据量的 GIS 数据的发布、创建 GIS 数据库，支持 GIS 功能的二次开发，支持大型地理信息系统的运行，并具有良好的可靠性和安全性。

存储备份软件 1 套：保证数据流不再经过网络而直接从磁盘阵列传入磁带库内，无须占用网络带宽。

（4）监控中心应用软件

污染源监控基础数据库系统 1 套：建立统一格式的国家重点监控企业（污染源）基本信息、生产工艺、污染治理设施、排污状况、排污数据等数据库，加入实时监控数据，形成动态的、全国联网的污染源排污情况监控台账，在统一采集的基础上，统一核定排污数据，为减排考核服务。

污染源自动监控系统 1 套：按照生态环境部的标准规范（数据传输协议和数据交换标准规范），实现所有排污口的实时监控数据传输到各级监控中心，使污染源自动监控系统直接起到监控、报警、处置的作用，同时保证实时监控数据按生态环境部的格式要求记入污染源数据库。

国家重点监控企业公众监督与现场执法管理系统 1 套：利用"12369"全国统一呼叫号码，建立公众举报数据库，将各种公众举报、投诉和日常执法监察信息，纳入统一联网管理。及时发现国家重点监控企业和其他排污单位的违法排污情况，并与污染源基础数据库、在线监测数据库、执法监察数据库、行政处罚数据库、公众举报数据库关联；及时进行现场检查，记录现场执法信息，形成执法数据报告，实现数据上传，满足国家对重点监控企业的动态管理。

（5）监控端专用设备

自动监控系统专用接入设备 1 套：用于与排污企业现场数据采集与传输设备实时通信，确保传输链路正常稳定连接。同时，企业端接口也必须能响应监控中心对数据主动采集的要求。

监控端 CTI 语音专用交换机 1 套：至少支持 4 路外线、4 路内线，可脱离计算机或服务器独立工作；至少满足 20 000 h 录音记录要求，支持传真、短信功能，支持人工值班和电脑值班。IVR 及座席软件必须与国家统一开发核配的"国家重点监控企业公众监督与现场执法管理系统"配套。

实时报警接收设备 1 套：能够与企业端现场监控设备联网，实时接收企业端发送的报警数据包，同时满足接收现场设备报警信息的需要。

（6）显示系统环境

投影单元：配置二类投影单元。

控制系统 1 套：配置二类投影控制系统。

矩阵切换系统 1 套：配置二类矩阵切换系统。

音响系统 1 套：包括 4 个音箱、调音台、无线麦克风、碟机等。

上述设备配置详细性能参数见表 2-1。

（7）网络及安全系统

路由器 1 个：4 个插槽、包转发率 1 Mpps，3 个 10/100/1 000 M 端口。

交换机 1 个：3 层，背板带宽 32 Gbps，线速转发能力大于 13.2 Mpps，包转发率 38.7 Mpps，3 个业务插槽。

硬件防火墙 1 个：标配 4FE，支持 1 个扩展槽，可选的接口模块包括 1FE/2FE/4FE，最高支持 8FE，提供 1 个配置口（CON）、1 个备份口（AUX），带 VPN。

网络防病毒软件 1 套：网络威胁自动防御，在无须干预的前提下，不间断地为局域网络提供防护，使其免受病毒、蠕虫和其他各种恶意代码的威胁，支持 50 个用户。

KVM 切换器 1 个：连接控制系统 16 口。

UPS 电源 1 个：额定容量 20 kVA，配满电池。

（8）数据存储备份系统

光纤交换机 2 台：配置 8 口光纤交换机激活 4 个端口。2 台互作冗备。

阵列柜 1 台：可扩至 10 T，配置 2 T。

磁带机/存储设备1台：最大配置磁带槽位24，最大配置驱动器数量2个，驱动器接口类型 FC，SCSI，配置磁带数量为20盘 LTO-2 磁带，1盘清洗带。

机柜4个：42 U 标准机柜。

2.4.3　计划单列市和省会城市监控中心建设标准

（1）适用范围

适用于计划单列市和省会城市生态环境主管部门的监控中心建设。

监控污染源个数在1 500个以上的监控中心可参考本级标准。

（2）基础硬件设施

服务器共10台，客户端 PC 10 台，笔记本电脑2台。

自动监控数据传输服务器2台：配置四类服务器，部署自动监控通信服务系统，接收现场机发送污染源监测数据包、对数据包进行解析、上报数据。

应用服务器3台：配置三类服务器，分别部署污染源监控基础数据库系统、污染源自动监控系统、国家重点监控企业公众监督与现场执法管理系统3个系统。

自动监控 GIS 服务器1台：配置三类服务器，保证10 G 数据的大型地理信息系统的稳定运行，保证足够大的访问量。

数据库服务器2台：配置三类服务器，至少保证1 500个监控点的数据量交互，同时还能够确保其他方面的数据访问要求。

域控制服务器1台：配置四类服务器，对网络中服务器和客户端进行管理。

网络防病毒服务器、备份域控制服务器1台：配置四类服务器，部署存储备份软件。同时承担防病毒服务功能，部署网络版防病毒软件，保证服务器和客户端安全。

客户端 PC 10 台：配置二类客户端 PC，其中6台作为监控中心客户端计算机，4台作为公众监督与现场执法管理系统专用计算机。

笔记本电脑2台：配置双核 CPU，主频166 MHz，512 M 容量 DDR2 内存，80 GB 硬盘，15英寸显示屏，64 M 显存，集成千兆以太网卡，支持无线上网。

上述设备配置详细性能参数见表2-1。

（3）应用系统环境

根据各种服务器、客户端 PC 机、笔记本电脑的数量和配置种类决定配备的操作系统、数据库等软件的数量。

服务器操作系统10套，其中6套为企业版、4套为标准版。

客户端操作系统12套，配备标准版，10套安装在客户端 PC 机上，2套安装在笔记本电脑上。

数据库系统 1 套，使用大型数据库管理系统，具有强安全性、可伸缩性和可用性。能够进行数据管理和数据挖掘、分析，能够提供全面的报表解决方案，能够在多个平台、应用程序和设备之间共享数据，更易于连接内部和外部系统。易于创建、部署和管理。

GIS 系统软件 1 套，保证大数据量的 GIS 数据的发布、创建 GIS 数据库，支持 GIS 功能的二次开发，支持大型地理信息系统的运行，并具有良好的可靠性和安全性。

存储备份软件 1 套：保证数据流不再经过网络而直接从磁盘阵列传入磁带库内，无须占用网络带宽。

（4）监控中心应用软件

污染源监控基础数据库系统 1 套：建立统一格式的国家重点监控企业（污染源）基本信息、生产工艺、污染治理设施、排污状况、排污数据等数据库，加入实时监控数据，形成动态的、全国联网的污染源排污情况监控台账，在统一采集的基础上，统一核定排污数据，为减排考核服务。

污染源自动监控系统 1 套：按照生态环境部的标准规范（数据传输协议和数据交换标准规范），实现所有排污口的实时监控数据传输到各级监控中心，使污染源自动监控系统直接起到监控、报警、处置的作用，同时保证实时监控数据按生态环境部的格式要求记入污染源数据库。

国家重点监控企业公众监督与现场执法管理系统 1 套：利用"12369"全国统一呼叫号码，建立公众举报数据库，将各种公众举报、投诉和日常执法监察信息，纳入统一联网管理。及时发现国家重点监控企业和其他排污单位的违法排污情况，并与污染源基础数据库、在线监测数据库、执法监察数据库、行政处罚数据库、公众举报数据库关联；及时进行现场检查，记录现场执法信息，形成执法数据报告，实现数据上传，满足国家对重点监控企业的动态管理。

（5）监控端专用设备

自动监控系统专用接入设备 1 套：用于与排污企业现场数据采集与传输设备实时通信，确保传输链路正常稳定连接。同时，企业端接口也必须能响应监控中心对数据主动采集的要求。

监控端 CTI 语音专用交换机 1 套：至少支持 8 路外线、8 路内线，可脱离计算机或服务器独立工作；至少满足 30 000 h 录音记录要求，具备转接、三方等功能，支持传真、短信功能，支持人工值班和电脑值班。IVR 及座席软件必须与国家统一开发核配的"国家重点监控企业公众监督与现场执法管理系统"配套。各地可根据实际情况酌情扩展。

实时报警接收设备 1 套：能够与企业端现场监控设备联网，实时接收企业端发送的报警数据包，同时满足接收现场设备报警信息的需要。

（6）显示系统环境

投影单元：配置二类投影单元。

控制系统 1 套：配置二类投影控制系统。

矩阵切换系统 1 套：配置二类矩阵切换系统。

音响系统 1 套：包括 4 个音箱、调音台、无线麦克风、碟机等。

上述设备配置详细性能参数见表 2-1。

（7）网络及安全系统

路由器 1 个：4 个插槽、包转发率 1 Mpps，3 个 10/100/1 000 M 端口。

交换机 1 个：3 层，背板带宽 32 Gbps，线速转发能力大于 13.2 Mpps，包转发率 38.7 Mpps，3 个业务插槽。

硬件防火墙 1 个：标配 4FE，支持 1 个扩展槽，可选的接口模块包括 1FE/2FE/4FE，最高支持 8FE，提供 1 个配置口（CON）、1 个备份口（AUX），带 VPN。

网络防病毒软件 1 套：网络威胁自动防御，在无须干预的前提下，不间断地为局域网络提供防护，使其免受病毒、蠕虫和其他各种恶意代码的威胁，支持 50 个用户。

KVM 切换器 1 个：连接控制系统 16 口。

UPS 电源 1 个：额定容量 10 kVA，配满电池。

（8）数据存储备份系统

光纤交换机 2 台：配置 8 口光纤交换机激活 4 个端口。2 台互作冗备。

阵列柜 1 台：可扩至 10 T，配置 2 T。

磁带机 / 存储设备 1 台：最大配置磁带槽位 24，最大配置驱动器数量 2 个，驱动器接口类型 FC，SCSI，配置磁带数量为 10 盘 LTO-2 磁带，1 盘清洗带。

机柜 3 个：42 U 标准机柜。

2.4.4　环保重点城市监控中心建设标准

（1）适用范围

适用于环保重点城市（除计划单列市和省会城市外）生态环境主管部门的监控中心建设。

监控污染源个数在 1 000 个以上的监控中心可参考本级标准。

（2）基础硬件设施

服务器共 8 台，客户端 PC 9 台，笔记本电脑 2 台。

自动监控数据传输服务器 1 台：配置三类服务器，部署自动监控通信服务系统，接收现场机发送污染源监测数据包、对数据包进行解析、上报数据。

应用服务器 2 台：配置三类服务器，分别部署污染源监控基础数据库系统、污染源自动监控系统、国家重点监控企业公众监督与现场执法管理系统 3 个系统。

自动监控 GIS 服务器 1 台：配置三类服务器，保证 10 G 数据的大型地理信息系统的稳定运行，保证足够大的访问量。

数据库服务器 2 台：配置三类服务器，至少保证 1 000 个监控点的数据量交互，同时还能够确保其他方面的数据访问要求。

域控制服务器 1 台：配置四类服务器，对网络中服务器和客户端进行管理。

网络防病毒服务器、备份域控制服务器 1 台：配置四类服务器，部署存储备份软件。同时承担防病毒服务功能，部署网络版防病毒软件，保证服务器和客户端安全。

客户端 PC 9 台：配置二类客户端 PC，其中 6 台作为监控中心客户端计算机，3 台作为公众监督与现场执法管理系统专用计算机。

笔记本电脑 2 台：配置双核 CPU，主频 166 MHz，512 M 容量 DDR2 内存，80 GB 硬盘，15 英寸显示屏，64 M 显存，集成千兆以太网卡，支持无线上网。

上述设备配置详细性能参数见表 2-1。

（3）应用系统环境

根据各种服务器、客户端 PC 机、笔记本电脑的数量和配置种类决定配备的操作系统、数据库等软件的数量。

服务器操作系统 8 套，其中 6 套为企业版、2 套为标准版。

客户端操作系统 11 套，配备标准版，9 套安装在客户端 PC 机上，2 套安装在笔记本电脑上。

数据库系统 1 套，使用大型数据库管理系统，具有强安全性、可伸缩性和可用性。能够进行数据管理和数据挖掘、分析，能够提供全面的报表解决方案，能够在多个平台、应用程序和设备之间共享数据，更易于连接内部和外部系统。易于创建、部署和管理。

GIS 系统软件 1 套，保证大数据量的 GIS 数据的发布、创建 GIS 数据库，支持 GIS 功能的二次开发，支持大型地理信息系统的运行，并具有良好的可靠性和安全性。

存储备份软件 1 套：保证数据流不再经过网络而直接从磁盘阵列传入磁带库内，无须占用网络带宽。

（4）监控中心应用软件

污染源监控基础数据库系统 1 套：建立统一格式的国家重点监控企业（污染源）基本信息、生产工艺、污染治理设施、排污状况、排污数据等数据库，加入实时监控数据，形成动态的、全国联网的污染源排污情况监控台账，在统一采集的基础上，统一核定排污数据，为减排考核服务。

污染源自动监控系统 1 套：按照生态环境部的标准规范（数据传输协议和数据交换标准规范），实现所有排污口的实时监控数据传输到各级监控中心，使污染源自动监控系统直接起到监控、报警、处置的作用，同时保证实时监控数据按生态环境部的格式要求记入污染源数据库。

国家重点监控企业公众监督与现场执法管理系统 1 套：利用"12369"全国统一呼叫号码，建立公众举报数据库，将各种公众举报、投诉和日常执法监察信息，纳入统一联网管理。及时发现国家重点监控企业和其他排污单位的违法排污情况，并与污染源基础数据库、在线监测数据库、执法监察数据库、行政处罚数据库、公众举报数据库关联；及时进行现场检查，记录现场执法信息，形成执法数据报告，实现数据上传，满足国家对重点监控企业的动态管理。

（5）监控端专用设备

自动监控系统专用接入设备 1 套：用于与排污企业现场数据采集与传输设备实时通信，确保传输链路正常稳定连接。同时，企业端接口也必须能响应监控中心对数据主动采集的要求。

监控端 CTI 语音专用交换机 1 套：至少支持 8 路外线、8 路内线，可脱离计算机或服务器独立工作；至少满足 30 000 h 录音记录要求，具备转接、三方等功能，支持传真、短信功能，支持人工值班和电脑值班。IVR 及座席软件必须与国家统一开发核配的"国家重点监控企业公众监督与现场执法管理系统"配套。各地可根据实际情况酌情扩展。

实时报警接收设备 1 套：能够与企业端现场监控设备联网，实时接收企业端发送的报警数据包，同时满足接收现场设备报警信息的需要。

（6）显示系统环境

投影单元：配置二类投影单元。

控制系统 1 套：配置二类投影控制系统。

矩阵切换系统 1 套：配置二类矩阵切换系统。

音响系统 1 套：包括 4 个音箱、调音台、无线麦克风、碟机等。

上述设备配置详细性能参数见表 2-1。

（7）网络及安全系统

路由器 1 个：4 个插槽、包转发率 1 Mpps，3 个 10/100/1 000 M 端口。

交换机 1 个：3 层，背板带宽 32 Gbps，线速转发能力大于 13.2 Mpps，包转发率 38.7 Mpps，3 个业务插槽。

硬件防火墙 1 个：标配 4FE，支持 1 个扩展槽，可选的接口模块包括 1FE/2FE/4FE，最高支持 8FE，提供 1 个配置口（CON）、1 个备份口（AUX），带 VPN。

网络防病毒软件 1 套：网络威胁自动防御，在无须干预的前提下，不间断地为局域网络提供防护，使其免受病毒、蠕虫和其他各种恶意代码的威胁，支持 50 个用户。

KVM 切换器 1 个：连接控制系统 8 口。

UPS 电源 1 个：额定容量 10 kVA，配满电池。

（8）数据存储备份系统

光纤交换机 2 台：配置 8 口光纤交换机激活 4 个端口。2 台互作冗备。

阵列柜 1 台：可扩至 10 T，配置 1 T。

磁带机 / 存储设备 1 台：最大配置磁带槽位 24，最大配置驱动器数量 2 个，驱动器接口类型 FC，SCSI，配置磁带数量为 10 盘 LTO-2 磁带，1 盘清洗带。

机柜 3 个：42 U 标准机柜。

2.4.5　一般地市级监控中心建设标准

（1）适用范围

适用于一般地市级生态环境主管部门（非环保重点城市）的监控中心建设。

监控污染源个数在 1 000 个以下的监控中心可参考本级标准。

（2）基础硬件设施

服务器共 6 台，客户端 PC 6 台，笔记本电脑 1 台。

自动监控数据传输服务器 1 台：配置四类服务器，部署自动监控通信服务系统，接收现场机发送污染源监测数据包、对数据包进行解析、上报数据。

应用服务器 1 台：配置四类服务器，分别部署污染源监控基础数据库系统、污染源自动监控系统、国家重点监控企业公众监督与现场执法管理系统 3 个系统。

自动监控 GIS 服务器 1 台：配置四类服务器，保证 10 G 数据的中型地理信息系统的稳定运行，保证足够大的访问量。

数据库服务器 1 台：配置三类服务器，保证 1 000 个监控点的数据量交互，同时还能够确保其他方面的数据访问要求。

域控制服务器 1 台：配置四类服务器，对网络中服务器和客户端进行管理。

网络防病毒服务器、备份域控制服务器1台：配置四类服务器，部署存储备份软件。同时承担防病毒服务功能，部署网络版防病毒软件，保证服务器和客户端安全。

客户端PC 6台：配置二类客户端PC，其中4台作为监控中心客户端计算机，2台作为公众监督与现场执法管理系统专用计算机。

笔记本电脑1台：配置双核CPU，主频166 MHz，512 M容量DDR2内存，80 GB硬盘，15英寸显示屏，64 M显存，集成千兆以太网卡，支持无线上网。

上述设备配置详细性能参数见表2-1。

（3）应用系统环境

根据各种服务器、客户端PC机、笔记本电脑的数量和配置种类决定配备的操作系统、数据库等软件的数量。

服务器操作系统6套，其中3套为企业版、3套为标准版。

客户端操作系统7套，配备标准版，6套安装在客户端PC机上，1套安装在笔记本电脑上。

数据库系统1套，使用大型数据库管理系统，具有强安全性、可伸缩性和可用性。能够进行数据管理和数据挖掘、分析，能够提供全面的报表解决方案，能够在多个平台、应用程序和设备之间共享数据，更易于连接内部和外部系统。易于创建、部署和管理。

GIS系统软件1套，保证大数据量的GIS数据的发布、创建GIS数据库，支持GIS功能的二次开发，支持大型地理信息系统的运行，并具有良好的可靠性和安全性。

存储备份软件1套：保证数据流不再经过网络而直接从磁盘阵列传入磁带库内，无须占用网络带宽。

（4）监控中心应用软件

污染源监控基础数据库系统1套：建立统一格式的国家重点监控企业（污染源）基本信息、生产工艺、污染治理设施、排污状况、排污数据等数据库，加入实时监控数据，形成动态的、全国联网的污染源排污情况监控台账，在统一采集的基础上，统一核定排污数据，为减排考核服务。

污染源自动监控系统1套：按照生态环境部的标准规范（数据传输协议和数据交换标准规范），实现所有排污口的实时监控数据传输到各级监控中心，使污染源自动监控系统直接起到监控、报警、处置的作用，同时保证实时监控数据按生态环境部的格式要求记入污染源数据库。

国家重点监控企业公众监督与现场执法管理系统1套：利用"12369"全国统一呼叫号码，建立公众举报数据库，将各种公众举报、投诉和日常执法监察信息，纳入统一联网管理。及时发现国家重点监控企业和其他排污单位的违法排污情况，并与污染源基础数据库、在线监测数据库、执法监察数据库、行政处罚数据库、公众举报数据库关联；及时进行现场检查，记录现场执法信息，形成执法数据报告，实现数据上传，满足国家对重点监控企业的动态管理。

（5）监控端专用设备

自动监控系统专用接入设备 1 套：用于与排污企业现场数据采集与传输设备实时通信，确保传输链路正常稳定连接。同时，企业端接口也必须能响应监控中心对数据主动采集的要求。

监控端 CTI 语音专用交换机 1 套：至少支持 8 路外线、8 路内线，可脱离计算机或服务器独立工作；至少满足 30 000 h 录音记录要求，具备转接、三方等功能，支持传真、短信功能，支持人工值班和电脑值班。IVR 及座席软件必须与国家统一开发核配的"国家重点监控企业公众监督与现场执法管理系统"配套。

实时报警接收设备 1 套：能够与企业端现场监控设备联网，实时接收企业端发送的报警数据包，同时满足接收现场设备报警信息的需要。

（6）显示系统环境

投影单元：配置二类投影单元。

控制系统 1 套：配置二类投影控制系统。

矩阵切换系统 1 套：配置二类矩阵切换系统。

音响系统 1 套：包括 4 个音箱、调音台、无线麦克风、碟机等。

上述设备配置详细性能参数见表 2-1。

（7）网络及安全系统

路由器 1 个：4 个插槽、包转发速率 110 Kpps。

交换机 1 个：3 层，背板带宽 19.2 Gbps，线速转发能力 13.2 Mpps，包转发速率 35.7 Mpps，3 个业务插槽。

硬件防火墙 1 个：标准配置的网卡接口数目为 4 个，类型为 RJ45 百兆，支持扩展网卡接口，最多可扩展到 8 个，带 VPN。

网络防病毒软件 1 套：网络威胁自动防御，在无须干预的前提下，不间断地为局域网络提供防护，使其免受病毒、蠕虫和其他各种恶意代码的威胁，支持 10 个用户。

KVM 切换器 1 个：连接控制系统 8 口。

UPS 电源 1 个：额定容量 10 kVA，配满电池。

（8）数据存储备份系统

光纤交换机 1 台：配置 8 口光纤交换机激活 4 个端口。

阵列柜 1 台：可扩至 10 T，配置 1 T。

磁带机 / 存储设备 1 台：最大配置磁带槽位 24，最大配置驱动器数量 2 个，驱动器接口类型 FC，SCSI，配置磁带数量为 10 盘 LTO-2 磁带，1 盘清洗带。

机柜 2 个：42 U 标准机柜。

2.4.6　其他

（1）机构人员

地市级及以上生态环境主管部门应建立污染源监控中心，污染源监控中心原则上设置在各级环境监察机构，由环境监察机构进行日常管理。各地可根据自身实际情况进行适当调整。

为保证监控中心有效运行，要建立业务和技术结构合理、人员稳定、专业化程度较高的工作队伍。注重计算机专业人员的配备，在吸收专门人才的同时，还应立足于在本系统开展全面的技术培训，尤其要注重既懂计算机技术又懂环保业务的复合型人才培养。

考虑到地市级环境监察机构直接监管污染源，工作强度较大，在人员安排和工作时间的分配上都不同于国家级、省级监控中心。

督查中心的监控中心标准：至少配备日常监控管理人员 2 名；公众监督举报管理工作人员 2 名；系统管理员 1 名。共 5 名工作人员。

省级监控中心标准：至少配备日常监控管理人员 3 名；公众监督举报管理工作人员 2 名；系统管理员 1 名。共 6 名工作人员。

计划单列市和省会城市监控中心标准：应执行 24 h 值班制。至少配备日常监控管理人员 6 名，三班倒，每班 2 人；公众监督举报管理工作人员 4 名；系统管理员 1 名。共 11 名工作人员。

环保重点城市监控中心标准：应执行 24 h 值班制。至少配备日常监控管理人员 6 名，三班倒，每班 2 人；公众监督举报管理工作人员 3 名；系统管理员 1 名。共 10 名工作人员。

一般地市级监控中心标准：应执行 24 h 值班制。至少配备日常监控管理人员 6 名，三班倒，每班 2 人；公众监督举报管理工作人员 2 名；系统管理员 1 名。共 9 名工作人员。

（2）土建装修

监控中心建设必须保证足够的建筑面积，功能上由监控中心、设备维护操作间、会商室以及公众监督举报工作间等组成。建筑面积要求如下：

督查中心标准：不小于 200 m²。

省、自治区标准：不小于 100 m²。

直辖市、计划单列市和省会城市标准：不小于 200 m²。

环保重点城市标准：不小于 200 m²。

一般地市级标准：不小于 150 m²。

监控中心必须建立在办公用房的土建改造、装修工程和办公家具、基本电气设施、防雷接地系统、消防系统、空调系统、门禁系统配备齐全的基础之上，监控中心机房还应符合国家标准化机房建设要求（恒温、恒湿、防尘、防雷、防静电、防水、气体消防、布局合理等）。机房的楼板承重，以每平方米不低于 500 kg 为宜，特殊部位应适当增加。

监控中心应配备日常办公设备，如打印机、复印机、传真机、绘图仪等。

（3）网络

监控中心应建立在局域网环境中，并可通过防火墙、路由器等网络设备与其他网络系统互联，各种设备软硬件应符合相关的国际标准规范，采用 TCP/IP 等通用的标准网络通信协议。

网络布线时必须设置足够的信息点数，以满足网络扩充的需求。

监控中心机房应将宽带接入国际互联网（网络带宽不低于 2 M），并通过当地信息中心接入国家平台。

（4）数据结构

遵循数据传输协议和数据交换标准规范，做到数据同构。应用系统的开发要按照国家软件行业相关标准，并符合生态环境部相关电子政务建设的文件要求和环境信息编码标准。

（5）管理制度

建立健全污染源监控中心管理制度，包括监控值班制度、机房安全管理制度、设备维护管理制度、数据存储报送制度等。

3 污染源自动监控系统数据传输、交换

3.1 概述

为贯彻《中华人民共和国环境保护法》，加强对环境污染源的监督管理，提高对环境污染源的自动监控水平，规范污染源自动监控的数据传输流程，保证污染源自动监控数据的实时、有效传输，环境保护部于 2010 年第 5 次常务会议审议通过《国控重点污染源自动监控信息传输与交换管理规定》(以下简称《规定》)，并自 2010 年 10 月 1 日起施行。《规定》明确要求各级生态环境主管部门应负责本级监控中心的运行，落实信息传输与交换管理责任，制定健全的工作制度，对本级信息传输与交换活动进行日常管理。部分内容如下：

（1）各级生态环境主管部门必须建立应急处置预案，有效应对国控重点污染源发生异常和信息传输与交换过程中的突发事件。

（2）各级生态环境主管部门必须按照数据报送要求，完成与上级的信息传输与交换。

（3）各级生态环境主管部门之间国控重点污染源自动监控信息的传输与交换依托各级环境保护专网进行。

（4）各级环境信息网络运维管理部门必须严格按照国控重点污染源自动监控系统的要求，保证数据通信网络的互联互通，为信息传输与交换提供支撑和保障。

（5）各级环境信息网络运维管理部门应当加强网络安全管理，落实网络安全责任制，制定有效的安全保障方案，落实安全保障措施，确保网络安全、信息安全。

（6）各级环境信息网络运维管理部门应当按照《环境信息网络建设规范》(HJ/T 460—2009) 的要求，在统一规划、标准下进行网络配置和管理，保障上下级监控中心之间信息传输网络的物理连接。

（7）各级环境信息网络运维管理部门必须加强对本级环境保护专网的管理，保证专网与其他网络的安全隔离。

（8）国控重点污染源自动监控信息传输上报方式分为两类：一类为污染源在线监测数据等原始数据的直传上报，另一类为统计、汇总后历史数据、报警数据、污染源

监测状态数据等交换到同级基础数据库，并逐级上报至上级自动监控系统。

（9）各级监控中心对污染源在线监测原始数据不得进行任何人为加工处理，直接从本级监控中心通信服务器经上级监控中心，转发到国家级监控中心，完成数据的直传上报。

（10）各级监控中心对国控重点污染源自动监控取得的数据进行统计，获得污染源排放小时均值、日均值、月均值、年均值等，在规定的时限内传输至上级监控中心，完成数据的逐级上报。

（11）各级监控中心应当遵循《环境污染源自动监控信息传输、交换技术规范（试行）》（HJ/T 352—2007），统一信息传输与交换格式，保障信息的传输、交换与共享。

（12）各级监控中心的网络设备、应用服务器和存储设备应当保持24 h稳定运行，不得无故擅自停机；出现故障，必须立即修复，并及时向同级生态环境部门和上级监控中心报告原因，保障与上级或下级监控中心进行实时数据传输。

（13）对于缺失和异常时段数据，应当查明原因，及时处理，并将有关信息补充上报。

3.2 传输、交换平台的功能介绍

3.2.1 传输、交换数据的类型

（1）污染源基本信息

污染源基本信息是重点污染源基础数据库系统中的污染源静态信息，包括污染源排污单位基本信息（排污单位名称、所属行政区划、企业编码、地址、所在流域、联系电话、经纬度、联系人等）、水气排放口信息（排放口的名称、编号、位置、排放方式、废水排放口的出水去向等）、水气监测点信息（监测点名称、监测点位置、产污工艺等）、监测设备信息（品牌名称、仪器型号、设备出厂编号、生产厂商、运维单位、设备量程等）、监测项目信息（监测项目名称、标准名称、标准值、标准执行时间、标准类别等）、生产治理设施信息（设施名称、工艺、启用时间等）、水泥窑信息（窑炉名称、窑头信息、窑尾信息、排污许可证生产设施编号等）、锅炉/机组信息（机组编号、机组名称、型号、额定功率、额定蒸汽压力、燃料类型等）等。

（2）排污单位标记数据

排污单位标记数据主要包括自动监测设备维护标记（标记类型、开始时间、结束

时间、说明等）、外部通信中断标记（情形、开始时间、结束时间、备注等）、非排污单位责任造成缺失或无效（情形、开始时间、结束时间、备注等）、不可抗力（情形、开始时间、结束时间、备注等）、长期停运关闭在线设备（情形、开始时间、结束时间、备注等）、生产设施工况标记（工况序列、开始时间、结束时间、工况标记原因、备注等）、治理设施工况标记（工况序列、开始时间、结束时间、工况标记原因、备注等）、手工检测数据（检测方法、检测仪器型号、检测单位、监测值等）等。

（3）自动监测数据

自动监测数据主要包括污染物实时、分钟、小时、日排放数据（排放浓度、排放量等），烟气实时、分钟、小时、日参数（温度、压力、含氧量、湿度、流速等），废水指标（COD、氨氮、总磷、总氮、pH、水温等），关键生产工况辅助参数，数采仪自动数据标记数据，用电监测实时数据信息等。

（4）电子督办数据

电子督办数据主要包括火电、水泥、造纸、其他行业。电子督办单数据主要包含事前预警数据、事中调度数据、事后处理数据等。

3.2.2 数据的传输

污染源自动监控系统数据的传输应符合《污染物在线监控（监测）系统数据传输标准》（HJ 212—2017），主要包括系统结构、现场机与上位机的协议层次、现场机与上位机的通信协议、自动监控（监测）仪器仪表与数采仪的通信方式、数据采集、处理与上传频次的技术要求等。

（1）系统结构

污染物自动监控（监测）系统从底层逐级向上可分为现场机、传输网络和上位机3个层次。上位机通过传输网络与现场机通信（包括发起、数据交换、应答等）。

污染物自动监控（监测）系统有两种构成方式：

系统构成方式1：1台（套）现场机集自动监控（监测）仪器、存储和通信传输功能于一体，可直接通过传输网络与上位机相互接收和发出命令，系统构成方式1见图3-1。

系统构成方式2：现场有1套或多套自动监控（监测）仪器，监控仪器具有数字（模拟）输出接口，连接到独立的数采仪，上位机通过传输网络与数采仪通信（包括发起、数据交换、应答等），系统构成方式2见图3-2。

（2）现场机与上位机的协议层次

现场机与上位机通信接口应满足选定的传输网络的要求。

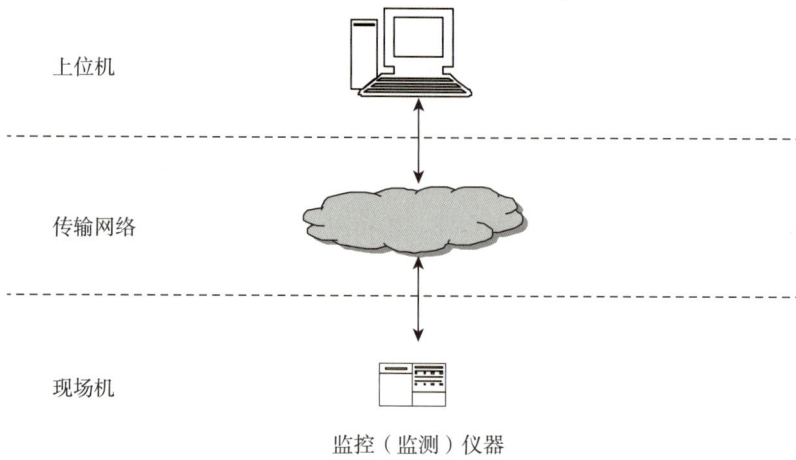

图 3-1　系统构成方式 1

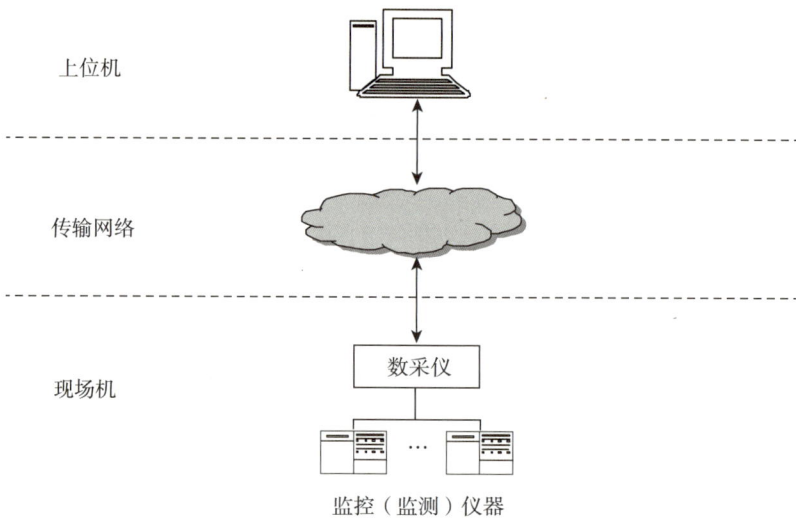

图 3-2　系统构成方式 2

　　根据 HJ 212 的相关规定，数据传输协议对应于国际标准化组织提出的开放式通信系统互联参考模型（International Standards Organization/Open System Interconnection，ISO/OSI）定义的协议模型的应用层，在基于不同传输网络的现场机与上位机之间提供交互通信。

　　数据传输通信协议结构见图 3-3。

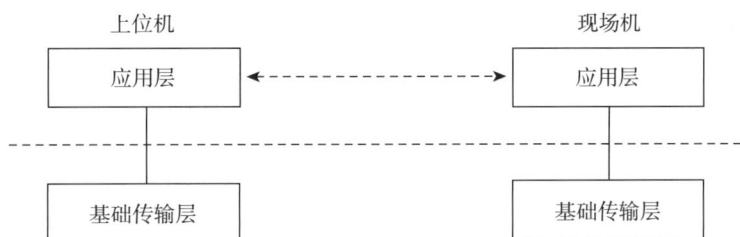

图 3-3　数据传输通信协议结构

基础传输层建构在传输控制协议／网际协议（Transmission Control Protocol/Internet Protocol，TCP/IP）上，适用于以下通信介质：

①通用分组无线业务（General Packet Radio Service，GPRS）；

②非对称数字用户环路（Asymmetrical Digital Subscriber Loop，ADSL）；

③码分多址（Code Division Multiple Access，CDMA）；

④宽频分码多重存取（Wideband CDMA，WCDMA）；

⑤时分同步 CDMA（Time Division-Synchronous CDMA，TD-SCDMA）；

⑥宽带 CDMA 技术（CDMA2000）；

⑦电力线通信（Power Line Communication，PLC）；

⑧分时长期演进（Time Division Long Term Evolution，TD-LTE）；

⑨频分双工长期演进（Frequency Division Duplex Long Term Evolution，FDD-LTE）；

⑩微波存取全球互通（Worldwide Interoperability for Microwave Access，WiMAX）。

由上述一种或多种通信介质构成传输网络。

应用层依赖于基础传输层，基础传输层采用 TCP/IP 协议（TCP/IP 协议有 4 层，即网络接口层、网络层、传输层、应用层），TCP/IP 协议建构在所选用的传输网络上，由 TCP/IP 协议中的网络接口层实现与传输网络的接口，应用层替代 TCP/IP 协议中的应用层。

（3）数据传输频次要求

①大气环境污染源监测数据传输要求

大气环境污染源监测数据应上报分钟数据、小时数据、日数据以及对应的数据标记，数据上传要求见表 3-1。其中，非甲烷总烃监测设备分析周期大于 1 min 时，分钟数据取前 1 次分析结果上传。

表 3-1 大气环境污染源监测数据上传要求

数据类型	命令编码	上报内容	上报频次
分钟数据	2051	污染物的浓度（标干浓度）均值，温度、压力、流速、氧含量、湿度等均值	每分钟 1 次
小时数据	2061	污染物的浓度（标干、折算浓度）均值，污染物排放量，流量，温度、压力、流速、氧含量、湿度等均值	每小时 1 次
日数据	2031		每日 1 次

废气自动监测设备运行参数包括主要污染物运行参数与辅助参数，上报参数应至少包含表 3-2 中的内容。运行参数变化后，应在 5 min 内完成上报；运行参数在当日 24:00 之前未发生变化时，仅在次日 0:05 之前完成 1 次上报。

表 3-2 大气环境污染源上报参数基本要求

监测项目	参数名称	参数代码	单位	参数类型	备注
二氧化硫、氮氧化物、一氧化碳、氯化氢等	测量量程	i13001	mg/m^3	固定值	
	量程校准浓度	i13015	mg/m^3	范围值	
	零点偏差	i13024	%	范围值	
	量程偏差	i13025	%	范围值	
	稀释比	i13032	量纲一	固定值	稀释法应上报
颗粒物	测量量程	i13001	量纲一	固定值	
	前端仪器 K（仪器原始设置值）	i13033	量纲一	固定值	
	前端仪器 B（仪器原始设置值）	i13034	量纲一	固定值	
	修正斜率	i13008	量纲一	固定值	
	修正截距	i13007	量纲一	固定值	
	稀释比	i13032	量纲一	固定值	稀释法应上报
甲烷、总烃、苯系物	初始保留时间	i13054	s	固定值	
	测量量程	i13001	mg/m^3	固定值	
	量程校准浓度	i13015	mg/m^3	范围值	
	零点偏差	i13024	%	范围值	
	量程偏差	i13025	%	范围值	
	校准峰面积	i13055	—	范围值	

续表

监测项目	参数名称	参数代码	单位	参数类型	备注
甲烷、总烃、苯系物	测量保留时间	i13056	s	固定值	超出合理范围，应该上报
	测量峰面积	i13057	—	范围值	
	测量峰高度	i13058	—	范围值	
	柱箱温度	i13059	℃	范围值	
	阀箱温度	i13060	℃	范围值	
	检测器温度	i13061	℃	范围值	
	载气流量	i13062	—	范围值	
	燃烧气流量	i13063	—	范围值	
	助燃气流量	i13064	—	范围值	
氧含量	测量量程	i13001	%	固定值	
	量程校准浓度	i13015	%	范围值	
	零点偏差	i13024	量纲一	范围值	
	量程偏差	i13025	量纲一	范围值	
辅助参数	烟道截面积	i13020	m^2	固定值	
	速度场系数	i13018	量纲一	固定值	
	基准氧含量	i13017	量纲一	固定值	
	本地大气压	i23001	kPa	固定值	
	单位产品产量	i23002	—	范围值	折算时上报
	单位基准排气量	i23003	—	固定值	折算时上报

②地表水体环境污染源监测数据传输要求

地表水体环境污染源监测数据上传要求见表3-3。

表3-3 地表水体环境污染源监测数据上传要求

采样方式	数据类型	命令编码	主要上报内容	上报频次
瞬时采样	实时数据	2011	pH、水温、流量瞬时采样数据、流量计液位高度（明渠传输）	至少每10 min上报1次
	小时数据	2061	pH最小值、pH最大值，水温平均值，流量累计值	每小时上报1次
	日数据	2031	pH最小值、pH最大值，水温平均值，流量累计值	每日0:10前上报前一日数据

续表

采样方式	数据类型	命令编码	主要上报内容	上报频次
混合采样	混合样数据	2063	COD_{Cr}、TOC、NH_3-N、TP、TN 等混合样监测浓度值、污染物采样时间（字段名：SampleTime，表示水质自动分析仪从混匀桶内开始采样的时间），混合样采样方式（字段名 SampleType）	每次测量后上报
	小时数据	2061	COD_{Cr}、TOC、NH_3-N、TP、TN 等污染物浓度均值（取混合样数据作为小时均值）、排放量	每小时上报 1 次
	日数据	2031	COD_{Cr}、TOC、NH_3-N、TP、TN 日均值、污染物排放量	每日最后 1 次测量完成后上报数据
—	自动标样核查（校准）数据	2062	标准溶液浓度值，分析仪测量值，自动标样核查（校准）是否通过	每次自动标样核查结束后上报；每次校准完成使用标准溶液验证后上报

注：小时数据、日数据中时间标签（字段名：DataTime）为监测时段的开始时间，以小时数据为例（日数据同理），时间标签 202206010100 表示 2022 年 6 月 1 日 1:00—2:00 采集的样品的测量数据（包含 1:00，不包含 2:00），浓度、流量、排放量均表示此时段数据。

废水自动监测设备运行参数包括主要污染物运行参数，上报参数应至少包含表 3-4 中的内容。运行参数变化后，应在 5 min 内完成上报；运行参数在当日 24:00 之前未发生变化时，仅在次日 0:05 之前完成 1 次上报。

表 3-4　地表水体环境污染源自动监测设备应上报监测基本要求

监测项目	参数名称	参数代码	单位	参数类型	备注
COD_{Cr}、NH_3-N、TP、TN	测量量程	i13001	量纲一	固定值	
	消解温度	i13004	℃	范围值	
	消解时长	i13005	min	范围值	
	修正截距	i13007	量纲一	固定值	
	修正斜率	i13008	量纲一	固定值	

续表

监测项目	参数名称	参数代码	单位	参数类型	备注
COD_{Cr}、NH₃-N、TP、TN	测量信号值	i13010	量纲一	范围值	按实际传输电压、电流或吸光度值
	零点校准信号值	i13011	量纲一	范围值	
	量程校准信号值	i13012	量纲一	范围值	
	校准曲线斜率	i13014	量纲一	范围值	
	校准曲线截距	i13013	量纲一	范围值	
	显色时长	i13045	℃	范围值	
	显色温度	i13046	min	范围值	
TOC	测量量程	i13001	量纲一	固定值	
	流量控制	i13037	mL/min	范围值	
	转换系数	i13038	量纲一	固定值	
	燃烧温度	i13039	℃	范围值	
	测量面积值	i13040	量纲一	范围值	
	零点面积值	i13041	量纲一	范围值	
	量程面积值	i13035	量纲一	范围值	
	校准曲线斜率	i13014	量纲一	范围值	
	校准曲线截距	i13013	量纲一	范围值	
流量	明渠流量计公式编号	i13002	量纲一	固定值	明渠流量计应上传
	三角形缺口夹角	i13071	°	固定值	三角堰应上传
	堰口宽度	i13072	m	固定值	矩形堰应上传
	喉道宽度	i13073	m	固定值	巴歇尔槽应上传
	探头距离	i13074	m	固定值	明渠流量计应上传
	管道内径	i13075	m	固定值	管道流量计应上传
	流量修正系数	i13076	量纲一	固定值	
辅助参数	单位产品产量	i23002	—	范围值	折算时上报
	单位基准排气量	i23003	—	固定值	折算时上报

③视频监控数据传输要求

监控视频传输应按照 GB/T 28181 的要求执行。

3.2.3　数据交换任务

3.2.3.1　交换体系

各地生态环境主管部门应保障污染源自动监控信息管理平台的日常稳定运行，确保自动监测数据及时、完整传输至生态环境部污染源监控中心平台。在符合网络安全规定的前提下，将互联网作为自动监测数据传输的备用通道。排污单位应按照属地生态环境主管部门的联网计划要求，将现场端污染物排放自动监测设备与生态环境主管部门的监控平台联网。生态环境主管部门监控平台采用从市级到省级、省级到国家级的数据交换体系进行数据传输。

（1）污染源自动监控数据联网要求

污染源自动监控设备直出数据应该直接接入地市级、省级污染源监控中心部署的国发软件。原始自动监控实时数据在传输过程中不得经过任何数据存储加工处理。具体要求如下：

①监控现场端实时数据应直接上传至生态环境部污染源监控中心（符合 HJ 212）。数采仪采集现场监测仪器的原始数据包不得经过任何软件或中间件转发，直接进入国发软件的通信服务器。

②上级监控中心控制命令可下达监控现场端（符合 HJ 212）。

③自动监控系统中的历史数据（分钟数据、小时数据、日数据、日汇总数据、月汇总数据、年汇总数据）、报警数据、现场端管理数据、污染源监测状态等须交换至同级基础数据库系统，通过云交换平台供其他系统获取使用。

④地方自行开发的污染源自动监控软件，如需接收现场端直出数据，现场端数采仪不具备一点多发功能的，可从国发软件通信服务器中取得现场端直出数据。

（2）基础数据库联网要求

①污染源基础数据库系统将数据上传至云交换平台，供上级系统获取数据，基础数据库系统数据上传至云交换平台后，数据可被其他业务系统订阅使用。

②基础数据库系统数据作为重点污染源自动监控系统的基础数据来源，在数据更新的同时，将数据同步至重点污染源自动监控系统中。

各级负责网络传输的部门要加强重点污染源自动监控系统网络传输的管理，保证线路通畅。国发软件记录生成的信息通过"数据共享箱"以云交换的方式实现与地方生态环境主管部门自有应用系统的同步共享，地方自有系统应按国发软件提供的格式进行相应升级改造。

3.2.3.2　交换频率

各级生态环境主管部门需保障数据及时向生态环境部污染源监控中心平台进行数据交换共享，各类型数据交换频次见表3-5。

表 3-5　自动监测数据交换传输频次

交换数据类型	描述	数据交换最低频率
排污单位基本信息	排污单位的名称、地址、排放标准、监测点位、自动监测设备备案信息等	每 3 h 交换 1 次
自动监测数据	各类型自动监测、工况监控、用电监控数据，以及对应的数据标识	小时数据、日数据原始报文实时转发
生产工况辅助联网参数	炉膛温度、锅炉蒸发量、窑尾烟室温度等辅助联网参数	原始报文实时转发
排污单位自主标记信息	排污单位通过企业端进行的生产工况、异常标记等信息	每 3 h 交换 1 次
电子督办信息	各地发送的超标异常电子督办单明细以及处理处置进展信息	实时传输
仪器工作参数（可选）	废水自动监测设备的消解时间及温度、校准曲线参数、工作量程、质控样浓度等参数；废气自动监测设备的基准氧含量、伴热管线温度、冷凝器温度、速度场系数、烟道截面积、皮托管系数、工作量程等关键参数	参数发生变化后实时更新，无变化时每周更新 1 次

3.2.3.3　交换平台系统架构

　　JDEX 数据交换平台支撑服务包括 Zookeeper、Kafka、Connect 和 Mirrormaker。Zookeeper 负责分布式系统协调服务，用来管理 Kafka 和 Connect 的源数据，负责主节点选举；Kafka 负责存储消息；Connect 负责管理交换任务的生命周期；Mirrormaker 负责上下级数据流转。具体架构见图 3-4，相关功能见表 3-6。

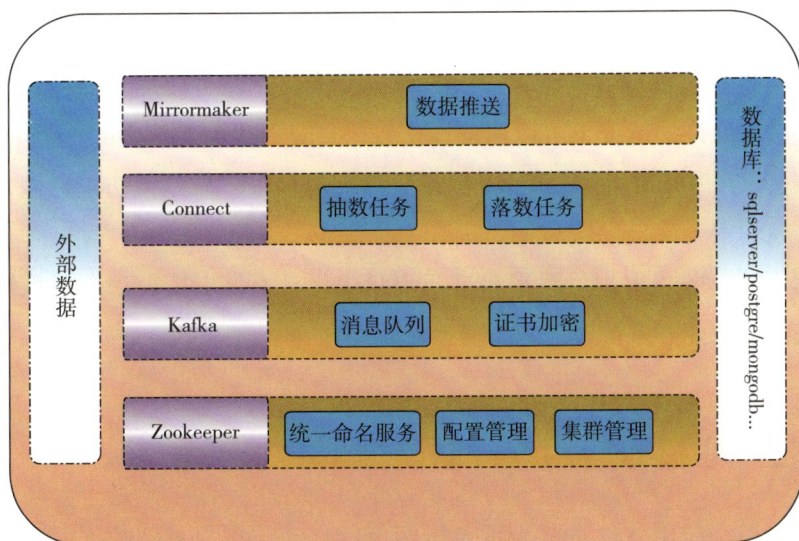

图 3-4　交换平台系统架构

表 3-6　交换平台组件功能

组件分类	组件名称	依赖的组件	功能描述
Source 任务	Sqlserver 抽数任务（按时间戳）	依赖 Connect 框架	按时间段抽取 sqlserver 数据到 kafka 对应 topic 中，数据最大延时为 10 min
	SQL server 抽数任务（cdc）		实时抽取 sqlserver 变化数据到 kafka 对应 topic 中，数据延时为秒级
	Mongodb 抽数任务		实时抽取 Mongodb 变化的数据到 kafka 对应 topic 中，数据延时为秒级
	Postgre 抽数任务		实时抽取 Postgre 变化数据到 kafka 对应 topic 中，数据延时为秒级
Sink 任务	RDBMS 通用落数任务		将下游上传的关系型数据库的数据保存到本机的关系型数据库
	Mongodb 落数任务		将下游上传的 Mongodb 数据库数据保存到本地 Mongodb 数据库

3.2.3.4　交换平台的特点

交换平台的稳定是保障污染源自动监控数据及时稳定传输的基础，也是保障数据共享的基础和关键环节之一。通过采取一些措施和技术手段对交换平台进行升级优化，可以确保数据的准确性和实时性，提高数据的质量和可靠性，促进数据的流通和共享。同时，还需要注意数据的安全性问题，以保障数据的安全和隐私不受侵犯。交换平台基于对数据传输交换的及时性、准确性以及安全性的考虑，主要功能特点如下：

①采用 Java 架构，使平台运行更加稳定，可以实现跨平台部署，可进行集群部署。

②基于消息总线进行数据传输交换，数据交换及时性可以达到毫秒级交换，在服务器性能及网络允许的情况下可以保证地市数据实时到达生态环境部监控中心。

③数据传输采用 SSL 证书加密，保证数据传输过程中数据无法被拦截，有效提高数据传输交换的安全性。

④根据不同业务需求，可对平台进行不断优化，不仅支持自动监控系统，也可免开发无缝支持其他业务系统进行数据交换。

3.3　监控中心核心应用软件联网技术要求

监控中心核心应用软件主要为重点排污单位自动监控与基础数据库系统：按照生

态环境部的标准规范（数据传输协议和数据交换标准规范等），实现所有排污口的实时监控数据传输到各级监控中心，并建立统一格式的国家重点监控企业（污染源）基本信息、生产工艺、污染治理设施、排污状况、排污数据等数据库；同时加入实时监控数据，保证实时监控数据按生态环境部的格式要求记入污染源数据库，形成动态的、全国联网的污染源排污情况监控台账，使污染源自动监控系统直接起到监控、报警、处置的作用。

目前，主要包含重点排污单位自动监控与基础数据库系统（管理端）和重点排污单位自动监控与基础数据库系统（企业端）。其中企业端主要供排污单位使用，可进行企业基本信息维护、日常数据查看、进行数据标记、查看或回复督办等；管理端主要用于各级生态环境主管部门对排污单位的日常管理工作，如排放标准维护、自动监测数据查看、企业各类标记信息查看、企业端操作日志查看等。根据不同的功能特点则又可细分为自动监控系统、用电监控系统、有效传输率系统、重点单位排查系统、重点排污单位超标异常电子告知与督办平台、垃圾焚烧管理端系统、综合展示系统等子系统。

4 现场端建设

4.1 水污染源在线监测系统

4.1.1 概述

4.1.1.1 系统简介

水污染源在线监测系统是一套以在线自动分析仪器为核心，运用现代传感器技术、自动测量技术、自动控制技术及计算机应用技术并搭配相关专用分析软件和通信网络所组成的综合型在线自动监测系统。其主要功能包括：

监测数据的自动获取、上传平台与统计处理，如针对日、周、月、季、年统计相应测量周期的平均数、极值等，并报出相应统计报告及图表。

收集监测数据、系统运行资料及环境资料并长期存储指定位置以备检索。

系统具有监测项目超标及子站状态信号显示、报警功能，如正常运行、停电保护、来电自动恢复，远程故障诊断等功能，便于例行维修和应急故障处理。

水污染源在线监测系统的运用，可实现对水质情况的实时监测和远程监控，及时掌握水质状况，为预警预报重大水污染事故、解决跨行政区域的水污染事故纠纷、监督总量控制制度落实情况、排放达标情况等提供客观公正、及时高效、安全可靠的基础和依据。

4.1.1.2 相关法规

水污染源在线监测系统有助于贯彻执行《中华人民共和国环境保护法》和《中华人民共和国水污染防治法》，保护生态环境，保障人民健康。随着水资源短缺和水污染问题日益严重，水污染源在线监测系统在环境保护工作中的作用越发重要。我们应越发重视，加大投入，完善监测网络，提高监测技术水平，以实现水资源可持续利用和社会经济的全面协调可持续发展。做好此项工作主要依据以下几类相关法律标准：

（1）质量及排放标准

GB 3838　地表水环境质量标准

GB 3097　海水水质标准

GB 8978　污水综合排放标准

（2）实验室方法标准

GB 6920　水质　pH 值的测定　玻璃电极法

GB 7489　水质　溶解氧的测定　碘量法

HJ 506　水质　溶解氧的测定　电化学探头法

GB 13195　水质　水温的测定　温度计或颠倒温度计测定法

GB 13200　水质　浊度的测定

GB 11901　水质　悬浮物的测定　重量法

GB 11903　水质　色度的测定

HJ 536　水质　氨氮的测定　水杨酸分光光度法

HJ 828　水质　化学需氧量的测定　重铬酸盐法

HJ 636　水质　总氮的测定　碱性过硫酸钾消解紫外分光光度法

GB11893　水质　总磷的测定

（3）相关技术要求

HJ/T 96　pH 水质自动分析仪技术要求

HJ/T 97　电导率水质自动分析技术要求

HJ/T 98　浊度水质自动分析技术要求

HJ/T 99　溶解氧（DO）水质自动分析仪技术要求

HJ/T 101　氨氮水质自动分析技术要求

HJ/T 102　总氮水质自动分析技术要求

HJ/T 103　总磷水质自动分析技术要求

HJ/T 104　总有机碳（TOC）水质自动分析仪技术要求

HJ 377　化学需氧量（COD_{Cr}）水质在线自动监测仪技术要求及检测方法

HJ/T 191　紫外（UV）吸收水质自动在线监测仪技术要求

HJ/T 367　环境保护产品技术要求　电磁管道流量计

HJ 15　超声波明渠污水流量计技术要求

HJ/T 372　水质自动采样器技术要求及检测方法

HJ 477　污染源在线自动监控（监测）数据采集传输仪技术要求

HJ 212　污染物在线监控（监测）系统数据传输标准

（4）监测技术规范

HJ 91.1　污水监测技术规范

HJ 353　水污染源在线监测系统（COD_{Cr}、NH_3-N 等）安装技术规范

HJ 354　水污染源在线监测系统（COD_{Cr}、NH_3-N 等）验收技术规范

HJ 355　水污染源在线监测系统（COD_{Cr}、NH_3-N 等）运行技术规范

HJ 356　水污染源在线监测系统（COD_{Cr}、NH_3-N 等）数据有效性判别技术规范

4.1.1.3　发展历程和现状

国外水质自动监测起步较早，我国在水质自动监测、快速移动分析等预警预报系统建设方面仍处于探索阶段。1998 年开始形成"水站"的概念，1998 年以来，我国先后在七大水系的 10 个重点流域建设了 1 837 座国家地表水水质自动监测站。根据环境管理需要，各地先后建立了 5 555 座地方级地表水水质自动监测站，实现水质自动监测。

水污染源在线监测技术的发展大体经历了 7 个主要阶段：

①起步阶段：1996—2001 年，在这个阶段，监测活动仅限于对水流量和 pH 进行测定，这标志着初期水质在线监测系统的诞生。

②发展初期：2001—2004 年，我国自主研发的 COD 在线监测设备开始面世，并逐渐实现小规模生产。这些设备主要分布在一些经济较为发达的省份，如大型污水排放企业和污水处理厂。当时的环境在线监测设备还未提出联网的理念，因此可以看作一个正式的发展起点。同时，在这个阶段，我们也开始关注环保产品技术要求。

③推广阶段：2004—2007 年，越来越多的企业开始涉足污染源环境在线监测领域，并得到了各省环保主管部门的大力支持。

④成长阶段：2007—2010 年，对于污染较为严重的企业，政府开始要求其安装环境在线监测设备，并推动各市环保局申报重点排污单位。这些企业必须安装并联网该设备，主要的数据平台是长天环境在线监控平台。同时，还出台了水污染源环境在线监测的相关规范，包括 HJ 353/HJ 354/HJ 355/HJ 356。

⑤监管阶段：2011—2014 年，政府对重点污染源进行了严格的监管。在这个阶段，相关部门积极宣传环保法律法规，并逐步完善和建设治理设施，监管和推广工作同步进行。

⑥成熟阶段：2015—2017 年，随着数据联网的实现，经过 5～6 年的国家主动监管和企业被动监管，企业逐渐形成了自觉遵守法律法规的意识，对环境在线监测设施的重要性有了更深入的认识。重点污染源在线监测系统的运维费用由省环保厅统一核发。在这个阶段，提出了"水十条"和"大气十条"的举措，并强调了排污单位作为责任主体的概念。

⑦稳定阶段：2017 年至今，我国于 2017 年 3 月开放了自动环境监测市场，实行市场自由选择制度。各省（区、市）发布文件，要求重点排污单位自行选择污染源在线监测维护单位，不再由地方环保局承担监测维护费用，改由企业自行承担并可自行运

营。在这个阶段，明确了排污单位作为责任主体的地位并开始执行。环境监察队伍主要负责监管和处罚。部分重点污染源还逐步扩大了监测因子，并实行了动态管控（不仅对数据进行甄别，还对参数和运行曲线进行监管）。

目前，水污染源在线监测系统发展日趋成熟，主要现状如下：

①技术成熟：水质污染源在线监测仪器已发展至较高水平，具备对各类水质参数进行实时、连续监测的能力。如 COD_{Cr}、氨氮、溶解氧、浊度、pH、总磷等污染指标的监测。

②系统集成化：水质污染源在线监测系统由多个子系统组成，包括采样、分析、数据传输和处理等环节，实现了高度集成化和自动化。监测仪器逐渐向小型化、便携化和智能化方向发展，以满足不断变化的需求。

③多样化：市场上涌现出多种类型和品牌的水质污染源在线监测仪器，如一体式微型水站、户外一体化微型水站等。产品种类丰富，可满足不同场景和应用需求。

④数据处理与分析能力提升：水质污染源在线监测系统能够实时采集、处理和分析监测数据，通过预警机制及时发现水质异常情况，为水污染治理和监管提供科学依据。

⑤应用领域扩大：水质污染源在线监测仪器不仅在工业废水处理、城市污水治理等领域得到广泛应用，还逐渐拓展至农村污水、养殖业污水、地表水、地下水等领域。

⑥政策扶持：我国政府高度重视水质污染源在线监测工作，出台了一系列政策措施，加大监测网络建设力度，提高监测技术水平，以保障水资源安全和生态环境可持续发展。

⑦市场前景广阔：随着水资源短缺和水污染问题日益突出，水质污染源在线监测仪器市场需求将持续增长。未来，水质污染源在线监测技术将更加先进，仪器设备将更加智能化、精准化，为水环境保护工作提供有力支持。

综上所述，水质污染源在线监测仪器的发展现状呈现出技术成熟、系统集成化、多样化、数据处理与分析能力提升、应用领域扩大、政策扶持和市场前景广阔等特点。在未来，水质污染源在线监测仪器将继续发挥重要作用，为我国水环境保护事业提供有力支持。

4.1.2 系统结构和组成

水污染源在线监测系统是由实现水污染源流量监测、水污染源水样采集与分析、分析数据统计与上传等功能的软硬件设施组成的系统。水污染源在线监测系统主要由以下4部分组成（图4-1）。

（1）流量监测单元：指用于监测污水排放流量的监测系统。

（2）水质自动采样单元：指水污染源在线监测系统中用于实现采集实时水样及混合水样、超标留样、平行监测留样、比对监测留样的单元，供水污染源在线监测仪器分析测试。

（3）水污染源在线监测仪器：指水污染源在线监测系统中用于在线连续监测污染物浓度和排放量的仪器、仪表。

（4）数据控制单元：控制整个水污染源在线监测系统内部仪器设备联动，自动完成水污染源在线监测仪器的数据采集、整理、输出及上传至监控中心平台，接受监控中心平台命令控制水污染源在线监测仪器运行等功能的单元。

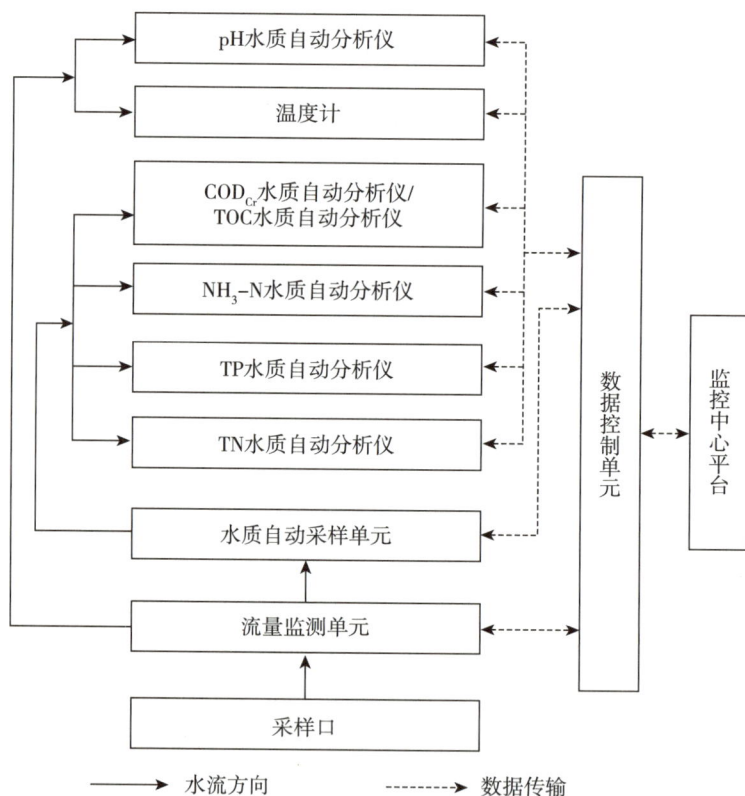

图 4-1　水污染源在线监测系统组成结构

4.1.3　典型水污染源在线监测仪器

（1）COD_{Cr} 水质在线自动监测仪

化学需氧量（chemical oxygen demand，COD_{Cr}）是评价水体污染程度的重要综合指标之一，是指水体中易被强氧化剂氧化的还原性物质所消耗的氧化剂的量，结果折算成氧的量（以 mg/L 计）。COD_{Cr} 是指用重铬酸钾为氧化剂测出的需氧量，是用重铬酸钾法测出 COD 的值。

水中的还原性物质包括有机物、亚硝酸盐、亚铁盐、硫化物等，化学需氧量作为有机物相对含量的指标之一，只能反映能被氧化的有机物污染，不能反映多环芳烃、PCB、二噁英类等的污染状况。COD_{Cr} 是我国实施排放总量控制的指标之一。

COD_{Cr} 水质在线自动监测仪的原理是分光光度法：水样中加入一定量重铬酸钾溶液，以硫酸作为酸化剂，硫酸银作为催化剂，硫酸汞作为氯的掩蔽剂，经过 165℃ 温度氧化消解后，在 600 nm±20 nm 波长处测定重铬酸钾还原产生的三价铬（Cr^{3+}）的吸光度，或在 440 nm±20 nm 波长处测定重铬酸钾未被还原的六价铬（Cr^{6+}）的吸光度。根据试样 COD_{Cr} 值与吸光度值比例关系计算试样 COD_{Cr} 浓度。

COD_{Cr} 水质在线监测仪的结构主要包含进样/计量单元、试剂储存单元、消解单元、分析及检测单元、控制单元。COD_{Cr} 水质在线自动监测仪样品分析流程见图 4-2。

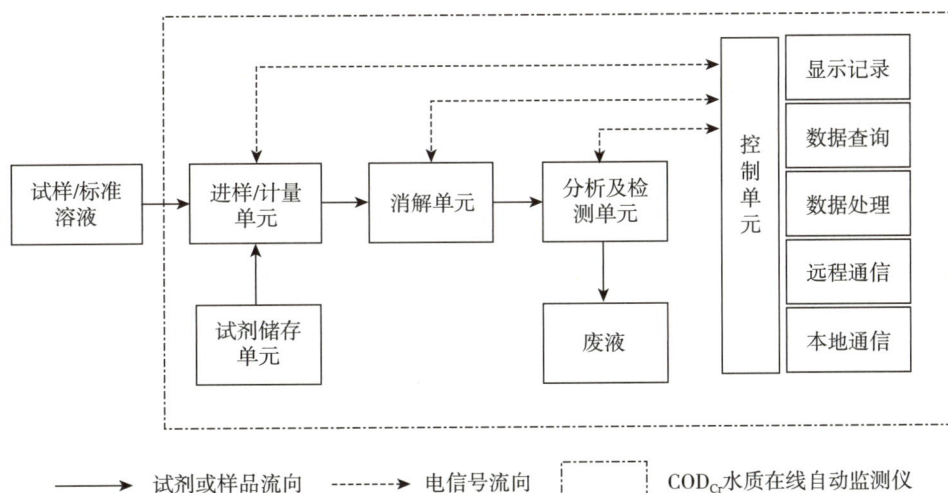

图 4-2　COD_{Cr} 水质在线自动监测仪样品分析流程

进样/计量单元：包括试样、标准溶液、试剂等导入部分（含试样水样通道和标准溶液通道）及计量部分。试剂储存单元：存放各种标准溶液、试剂的功能单元，确保各种标准溶液和试剂存放安全和质量。消解单元：采用合适的消解方式和强氧化剂，将水样中的有机物和无机还原性物质氧化到相应要求的功能单元。分析及检测单元：由反应模块和检测模块组成，通过控制单元完成对待测物质的自动在线分析，并将测定值转换成电信号输出的部分。控制单元：包括系统控制硬件和软件，实现进样、消解和排液等操作的部分。具有数据采集、处理、显示存储、安全管理、数据和运行日志查询输出等功能，同时具备输出留样、触发采样等功能，控制单元实现以上功能时均能提供对应的通信协议，且通信协议满足 HJ 212 的要求。

根据 HJ 377—2019，量程范围（15～2 000）mg/L[ρ（Cl⁻）≤2 000 mg/L]，可满足地表水、生活污水和工业废水的监测需求。COD_{Cr} 水质在线自动监测仪性能要求见表 4-1。

表 4-1　COD_{Cr} 水质在线自动监测仪性能要求

测试项目	性能指标	
零点漂移	≤5 mg/L/24 h	
量程漂移	≤5%/24 h	
重复性	≤5%	
示值误差	20% FS	±10.0%
	50% FS	±8.0%
	80% FS	±5.0%
检出限	≤4 mg/L	

（2）总有机碳（TOC）水质自动分析仪

总有机碳（TOC）是以碳的含量表示水体中有机物质总量的综合性指标。总有机碳可直接表示水体中溶解性和悬浮性有机物的含碳总量，水体中总有机碳控制在一个较低水平，意味着水体中有机物、微生物及细菌内毒素的污染处于较好的受控状态。

差减法 TOC：将一定体积的水样连同净化氧气或空气（干燥并除去二氧化碳）分别导入高温燃烧管（900～950℃）和低温反应管（150℃）中，经高温燃烧管的水样在催化剂（铂和二氧化钴或三氧化二铬）和载气中氧的作用下，有机化合物转化成为二氧化碳；经低温反应管的水样受酸化而使无机碳酸盐分解成二氧化碳。其所生成的二氧化碳依次进入非色散红外线检测器。故可对水样中的总碳（TC）和无机碳（IC）进行分别定量测定。总碳与无机碳的差值，即为总有机碳。因此，TOC 可由下式计算得到：TOC=TC-IC。

TOC 设备应用的试剂种类少更为环保，同时可以规避一些分光光度法的设备会受到现场因素的干扰。适用于地表水、工业废水和市政污水中的 TOC 测定，最小测定范围：0～50 mg/L。但其原理上与实验室方法存在差异，因此要注意使用转化系数进行修正。其验收指标应参照 COD_{Cr} 设备的验收要求。

（3）紫外吸收（UV）水质在线自动监测仪

UV 仪基本原理是根据有机物在紫外处对特征波长有选择性吸收进行测量，通过测量 254 nm 处水样的吸光度从而计算水中有机物含量的多少。UV 仪结构较为简单，包含控制用的表头和检测用的探头两部分。为了排除浊度、悬浮物的干扰，按检测方式不同分单波长、多波长、扫描紫外吸收 3 种；为了使被测水样稳定，按安装方式不同又分采水型和浸入型，采水型又分吸收池型和落水型。

UV 设备的优势是可以在不使用试剂的情况下，原位快速地检测水中的有机物含量。但其原理与实验室方法存在差异，因此要注意使用转化系数进行修正。其验收指标应参照 COD_{Cr} 设备的验收要求。

（4）氨氮水质自动分析仪

氨氮是以游离氨（或称非离子氨，NH_3）或离子氨（NH_4^+）形态存在的氮。人们对水和废水中最关注的几种形态的氮是硝酸盐氮、亚硝酸盐氮、氨氮和有机氮。通过生物化学作用，它们是可以相互转化的。氨氮是各类型氮中危害影响最大的一种形态，是水体受到污染的标志，氨氮也是水体中的主要耗氧污染物，氨氮氧化时消耗水中的溶解氧，使水体发黑发臭。

氨氮在线监测的方法主要有 3 种。①纳氏试剂分光光度法：水样经过预处理（蒸馏、过滤、吹脱）后，在碱性条件下，水中离子态铵转换为游离氨，然后加入一定量的纳氏试剂，游离态氨与纳氏试剂反应生成黄色络合物，分析仪器在 420 nm 波长处测定反应液吸光度 A，计算氨氮含量。②水杨酸分光光度法：在硝普钠盐的存在下，样品中游离氨、铵离子与水杨酸盐以及次氯酸根离子反应生成蓝色化合物，在约 670 nm 处测定吸光度 A，计算出氨氮的含量。③氨气敏电极法：仪器的工作原理是将水样导入测量池中，加入氢氧化钠使水样中离子态铵转换为游离态氨，游离态氨透过氨气敏电极的憎水膜进入电极内部缓冲液，改变缓冲液的 pH，仪器通过测量 pH 变化即可测量水样中的氨氮浓度。

根据 HJ 101—2019，量程范围（0.1～150）mg/L，可满足地下水、地表水、生活污水和工业废水的监测需求。氨氮水质在线自动监测仪性能要求见表 4-2。

表 4-2　氨氮水质在线自动监测仪性能要求

测试项目	性能指标
零点漂移	≤0.02 mg/L/24 h
量程漂移	≤1.0%/24 h
重复性	≤2.0%

续表

测试项目	性能指标	
示值误差	20% F.S.	±8.0%
	50% F.S.	±5.0%
	80% F.S.	±3.0%
检出限	≤0.04 mg/L	

（5）总磷水质自动分析仪

磷在自然界中分布很广，在天然水和废水中，磷几乎都以各种磷酸盐的形式存在，它们分为正磷酸盐、缩合磷酸盐（焦磷酸盐、偏磷酸盐和多磷酸盐）和有机结合磷酸盐。总磷包括溶解的，颗粒的，有机的和无机的。

总磷的测定主要为钼酸盐分光光度法，其原理是在 120～130℃下，中性条件，向水样中加入过硫酸钾溶液进行消解，水样中不同价态的磷全部氧化为正磷酸盐，在酸性介质中，正磷酸盐与钼酸铵反应，在锑盐存在下生成磷钼杂多酸后，立即被抗坏血酸反应生成磷钼蓝，在波长 700 nm（或 880 nm）处测定吸光度，按吸光度的值查询标定曲线并计算总磷含量。

根据 HJ 103—2003，其性能应满足表 4-3 的要求。

表 4-3　总磷水质在线自动监测仪性能要求

测试项目	性能指标
零点漂移	±5%
量程漂移	±10%
重复性	≤10.0%
示值误差	±10%
直线性	±10%
检出限	≤0.01 mg/L

（6）总氮水质自动分析仪

总氮（total nitrogen，TN）是指在其标准规定的条件下，测定的样品中溶解态氮及悬浮物中氮的总和，包括亚硝酸盐氮、硝酸盐氮、无机铵盐、溶解态氨及大部分有机含氮化合物中的氮。也可理解为，总氮是水体中各种形态的有机氮和无机氮的总和，其在水中的浓度应高于任何一种氮。总氮是衡量水质的重要指标之一，其含量表明了水体的营养化状态及污染程度。

总氮的在线监测方法主要为紫外分光光度法,其原理是在 120～124℃下,向水样中加入碱性过硫酸钾溶液,将样品中含氮化合物的氮转化为硝酸盐,硝酸盐在 220 nm 处有最大吸收,在 275 nm 处几乎没有吸收,而有机物在 220 nm 和 275 nm 处均有吸收,利用光电检测装置分别测定波长 220 nm 和 275 nm 处的吸光度,根据公式得到校正吸光度 A 从而排除有机物的干扰。

根据 HJ 102—2003,其性能应满足表 4-4 的要求。

表 4-4　总氮水质在线自动监测仪性能要求

测试项目	性能指标
零点漂移	±5%
量程漂移	±10%
重复性	≤10.0%
示值误差	±10%
直线性	±10%
检出限	≤0.1 mg/L

(7)pH 水质自动分析仪

pH 的测定是水分析中最重要和最经常进行的分析项目之一,是评价水质的一个重要参数。水体的酸污染主要来源于冶金、电镀、轧钢、金属加工等工业的酸洗工序和人造纤维、酸法造纸等工业排出的含酸废水;另一个来源是酸性矿山排水,因为硫矿物经空气氧化,并与水化合成硫酸,使矿水变成酸性。碱污染主要来源于碱法造纸、化学纤维、制碱、制革、炼油等工业废水。水体受到污染后,pH 发生变化,在水体 pH 小于 6.5 或大于 8.5 时,水中微生物生长受到一定程度的抑制,使得水体自净能力受到阻碍并可能腐蚀船舶和水中设施。

pH 测量的工作电极目前应用最广泛的是玻璃电极,是 pH 实验分析的标准方法。其原理是玻璃电极与参比电极之间根据能斯特方程,存在电位差。pH 探头内装有温度敏感元件,仪器自动补偿温度对 pH 测量值的影响。

(8)超声波明渠污水流量计

超声波明渠污水流量计的主要原理是通过排放液位和堰渠形状得出水流的横截面积,再根据流速(设计值或测试值)和横截面积的关系得出流量值。其中超声波明渠流量计主要用于具有标准堰渠(如三角堰、矩形堰、巴歇尔槽等)应用场合,是一种非接触式测量仪表,是污染源排放应用中最广的一种方式。

明渠内的流量越大,液位越高;流量越小,液位越低。一般的渠道,液位与流量没有确定的对应关系。因为同样的水深，流量的大小，还与渠道的横截面积、坡度、粗糙度有关。在渠道内安装量水堰槽，由于堰的缺口或槽的缩口比渠道的横截面积小。因此，渠道上游水位与流量的对应关系主要取决于堰槽的几何尺寸。同样的量水堰槽放在不同的渠道上，相同的液位对应相同的流量，量水堰槽把流量转成了液位。常用的量水堰槽有直角三角堰、矩形堰和巴歇尔槽。

（9）管道式电磁流量计

依据法拉第电磁感应原理，在与测量管轴线和磁力线相垂直的管壁上安装了一对检测电极，当导电液体沿测量管轴线运动时，导电液体切割磁力线产生感应电势，此感应电势由两个检测电极检出，数值大小与流速成正比。传感器将感应电势 E 作为流量信号，传送到转换器，经放大，变换滤波等信号处理后，显示瞬时流量和累积流量。转换器有 $4\sim20$ mA 输出。

电磁流量计主要由磁路系统、测量导管、电极、外壳、衬里和转换器等部分组成。按传感器与转换器的构成方式，可分为分离型和一体型两种。分离型是把传感器和转换器各自独立设置，中间用电缆连接；一体型是把传感器和转换器作为一个整体而设置。

（10）水质自动采样器

水质自动采样器可与 COD、氨氮、总磷、总氮、重金属等在线监测仪联机使用，可实现超标留样、同步留样和输送混合样等功能；水质自动采样器还具有密码保护、断电保护等保护功能，可实现定时定量、定时比例、定流定量、流量跟踪、混合采样、超标留样等工作模式，并可实现远程控制留样、远程参数读取及设置、远程查询留样记录等功能。根据环保要求的不断完善，现阶段安装的水样采样器一般以混合水样自动采样器为主，即 A、B 桶采样器。混合水样自动采样器是为了解决瞬时水样采样器采样量单一，不能完全反映水样变化的缺点而设计的，通过定时混合采样，能更准确地反映水样变化情况，且具备给仪器供样功能。

混合水质自动采样器增加了 A、B 2 个缓冲供样瓶，在运行时用计量蠕动泵将水样按定时周期等比例首先将水样抽到集水瓶中（缓存供样瓶）。集水瓶具有进样口、供样口、留样口、溢流口和排放口。在线监测仪器从集水瓶中获得水样（采样器供样泵主动供样或在线仪器自动抽取水样），在线监测仪（COD、氨氮、总磷、总氮等）对水样进行分析后，发出是否超标的信号，通过电控阀控制留样或排放。仪器通过恒温系统将水样温度恒定在 4℃，从而完成水样的自动采集、自动分配和恒温保存过程。仪器分 A、B 2 个缓冲供样瓶，可相互切换实现仪器的连续混合采样。

采样器设备由主控制器、水样采集机构、混采装置、采样瓶、留样机构、自动分瓶装置、低温存储装置、门禁控制系统及外围接口组成。

4.1.4　现场安装技术要求

（1）总体要求

水污染源在线监测系统的安装需要参照 HJ 353—2019 的要求进行建设，各单位的现场工程师和企业用户需要参照标准要求，并结合现场勘查情况，确定安装位置和安装条件。

（2）企业排放口设置

按照 HJ 91.1 中的布设原则选择水污染源排放口位置。

排放口依照 GB 15562.1 的要求设置环境保护图形标志牌。

排放口应能满足流量监测单元建设要求。

排放口应能满足水质自动采样单元建设要求。

用暗管或暗渠排污的，需设置能满足人工采样条件的竖井或修建一段明渠，污水面在地面以下超过 1 m 的，应配建采样台阶或梯架。压力管道式排放口应安装满足人工采样条件的取样阀门。

（3）监测站房要求

应建有专用监测站房，新建监测站房面积应满足不同监控站房的功能需要并保证水污染源在线监测系统的摆放、运转和维护，使用面积应不小于 15 m²，站房高度不低于 2.8 m。

监测站房应尽量靠近采样点，与采样点的距离应小于 50 m。

应安装空调和冬季采暖设备，空调具有来电自启动功能，具备温湿度计，保证室内清洁，环境温度、相对湿度和大气压等应符合 GB/T 17214 的要求。

监测站房内应配置安全合格的配电设备，能提供足够的电力负荷，功率大于等于 5 kW，站房内应配置稳压电源。

监测站房内应配置合格的给、排水设施，使用符合实验要求的用水清洗仪器及有关装置。

监测站房应配置完善规范的接地装置和避雷措施、防盗和防止人为破坏的设施，接地装置安装工程的施工应满足 GB 50169 的相关要求，建筑物防雷设计应满足 GB 50057 的相关要求。

监测站房应配备灭火器箱、手提式二氧化碳灭火器、干粉灭火器或沙桶等，按消防相关要求布置。

监测站房不应位于通信盲区，应能够实现数据连续稳定传输。

监测站房的设置应避免对企业安全生产和环境造成影响。

监测站房内、采样口等区域应安装视频监控设备。

（4）采样取水系统安装要求

需测定流量的排污单位，根据地形和排水方式及排水量大小，应在其排放口上游能包含全部污水束流的位置，修建一段特殊渠（管）道的测流段，以满足测量流量、流速的要求。

一般可安装三角形薄壁堰、矩形薄壁堰、巴歇尔槽等标准化计量堰（槽）。

标准化计量堰（槽）的建设应达到如下要求：能够清除堰板附近堆积物，能够进行明渠流量计比对工作。

管道流量计的建设应达到如下要求：管道及周围应留有足够的长度及空间以满足管道流量计的计量检定和手工比对。

水质自动采样单元具有采集瞬时水样及混合水样，混匀及暂存水样、自动润洗及排空混匀桶，以及留样功能。水质自动采样单元的构造应保证将水样不变质地输送到各水质分析仪，应有必要的防冻和防腐设施。水质自动采样单元应设置混合水样的人工比对采样口。

pH 水质自动分析仪和温度计应原位测量或测量瞬时水样。COD_{Cr}、TOC、NH_3-N、TP、TN 水质自动分析仪应测量混合水样。

水质自动采样单元的管路宜设置为明管，并标注水流方向。水质自动采样单元的管材应采用优质的聚氯乙烯（PVC）、三丙聚丙烯（PPR）等不影响分析结果的硬管。

采用明渠流量计测量流量时，水质自动采样单元的采水口应设置在堰槽前方，合流后充分混合的场所，并尽量设在流量监测单元标准化计量堰（槽）取水口头部的流路中央，采水口朝向与水流的方向一致，减少采水部前端的堵塞。采水装置宜设置成可随水面的涨落而上下移动的形式。

采样泵应根据采样流量、水质自动采样单元的水头损失及水位差合理选择。应使用寿命长、易维护，并且对水质参数没有影响的采样泵，安装位置应便于采样泵的维护。

（5）现场水质自动分析仪安装要求

水污染源在线监测仪器的各种电缆和管路应加保护管，保护管应在地下铺设或空中架设，空中架设的电缆应附着在牢固的桥架上，并在电缆、管路以及电缆和管路的两端设立明显标识。电缆线路的施工应满足 GB 50168 的相关要求。

各仪器应落地或壁挂式安装，有必要的防震措施，保证设备安装牢固稳定。在仪器周围应留有足够空间，方便仪器维护。其他要求参照仪器相应说明书相关内容，应满足 GB 50093 的相关要求。必要时（如南方的雷电多发区），仪器和电源应设置防雷设施。

采用明渠流量计测定流量，应按照 JJG 711、CJ/T 3008.1、CJ/T 3008.2 、CJ/T 3008.3 等技术要求修建或安装标准化计量堰（槽），并通过计量部门检定。应根据测量流量范围选择合适的标准化计量堰（槽），根据计量堰（槽）的类型确定明渠流量计的安装点位。

采用管道电磁流量计测定流量，应按照 HJ/T 367 等技术要求进行选型、设计和安装，并通过计量部门检定。电磁流量计在垂直管道上安装时，被测流体的流向应自下而上；在水平管道上安装时，两个测量电极不应在管道的正上方和正下方位置。流量计上游直管段长度和安装支撑方式应符合设计文件要求。管道设计应保证流量计测量部分的管道水流时刻满管。流量计应安装牢固稳定，有必要的防震措施。仪器周围应留有足够空间，方便仪器维护与比对。

水质自动采样器具有采集瞬时水样和混合水样、冷藏保存水样的功能。具有远程启动采样、留样及平行监测功能，记录瓶号、时间、平行监测等信息。水质自动采样器采集的水样量应满足各类水质自动分析仪润洗、分析需求。

应根据企业废水实际情况选择合适的水质自动分析仪。应根据企业实际排放废水浓度选择合适的水质自动分析仪现场工作量程，具体设置方法参照 HJ 355—2019 中 5.1 章节。安装高温加热装置的水质自动分析仪，应避开可燃物和严禁烟火的场所。水质自动分析仪与数据控制系统的电缆连接应可靠稳定，并尽量缩短信号传输距离，减少信号损失。水质自动分析仪工作所必需的高压气体钢瓶，应稳固固定，防止钢瓶跌倒，有条件的站房可以设置钢瓶间。COD_{Cr}、TOC、NH_3-N、TP、TN 水质自动分析仪可自动调节零点和校准量程值，两次校准时间间隔不少于 24 h。根据企业排放废水实际情况，水质自动分析仪可安装过滤等前处理装置，经过前处理装置所安装的过滤等前处理装置应防止过度过滤，过滤后水样与实际水样比对结果应满足要求。

4.2　烟气排放连续监控系统

4.2.1　概述

（1）烟气排放连续监测系统简介

固定污染源烟气排放连续监测系统（Continuous Emission Monitoring System，CEMS），是指连续监测固定污染源颗粒物和（或）气态污染物排放浓度和排放量所需要的全部设备。它是为适应固定污染源废气排放监测、污染物排放监管以及总量减排核算等国家环境管理需求而安装使用的一种污染物排放连续监测计量分析仪器。

非甲烷总烃连续监测系统（Nonmethane Hydrocarbons Continuous Emission Monitoring System，NMHC-CEMS），是指连续监测固定污染源废气中非甲烷总烃排放浓度和排放量所需的全部设备。

（2）烟气在线监测仪器的发展现状及我国相关法律法规

1980年，我国首次从国外引进了第一套自动烟气连续监测系统，就此开始了CEMS引进和开发。随着中国环保产业的发展及行业相关规范标准的完善，国内也有越来越多的仪器厂家开始引进或者自主研发CEMS产品。

1996年发布的《火电厂大气污染物排放标准》（GB 13223—1996），首次要求对锅炉排放烟气安装连续监测系统进行监测管理。2000年以后，CEMS技术研究和设备开发趋于成熟，并应用在污染源废气监测和监管工作中，同时配套的法律法规和技术规定也相应地逐步颁布和实施。2003年7月和2004年1月实施的《排污费征收使用管理条例》和《火电厂大气污染物排放标准》（GB 13223—2003）中均提出必须安装CEMS，并规定将CEMS数据作为执法的依据。

2001年，《火电厂烟气排放连续监测技术规范》（HJ/T 75—2001）和《固定污染源排放烟气连续监测系统技术要求及检测方法》（HJ/T 76—2001）正式发布，从技术层面对CEMS的安装、调试、检测和验收作出详细要求和说明，标志着中国的CEMS的应用走上正轨。

为了提高环境管理的质量，2004年9月开始构建全国性的环境监控网，形成了国家层面的权威数据库，拉开了污染源自动监控工作的序幕。此后，国务院发布的《中华人民共和国国民经济和社会发展第十一个五年规划纲要》中提出了"十一五"期间主要污染物排放总量减少10%的约束性指标。在环保部门的积极号召和国家与地方相关激励政策的推动下，部分省市已安装了一批自动监控设施。

2005年9月19日，国家环境保护总局发布了《污染源自动监控管理办法》（总局令　第28号），规定污染源自动监控设备是污染防治设施的组成部分，经验收合格并正常运行的CEMS数据可作为环保部门进行排污申报核定、排污许可证发放、总量控制、环境统计、排污费征收和现场环境执法等环境监督管理的依据。2007年首次对《火电厂烟气排放连续监测技术规范》（HJ/T 75—2001）和《固定污染源排放烟气连续监测系统技术要求及检测方法》（HJ/T 76—2001）进行更新。并于2008年3月18日印发了《污染源自动监控设施运行管理办法》（环发〔2008〕6号），以加强污染源自动监控设施运行的监督管理，保证污染源自动监控设施正常运行。

"十一五"和"十二五"期间,分别将二氧化硫和氮氧化物作为主要污染物进行总量减排考核,除尘、脱硫、脱硝等污染物治理设施大量投运,CEMS 在国控、省控等废气污染源的安装和使用量迅猛增加。在此期间,环境保护部分别于 2009 年 7 月 22 日和 2012 年 2 月 1 日印发了《国家监控企业污染源自动监测数据有效性审核办法》、《国家重点监控企业污染源自动监测设备监督考核规程》(环发〔2009〕88 号)、《污染源自动监控设施现场监督检查办法》(部令 第 19 号)等管理文件。

2010 年 5 月 13 日,发布《关于推进大气污染联防联控工作改善区域空气质量指导意见的通知》(国办发〔2010〕33 号),在国家层面首次提出将挥发性有机物作为重点大气污染物开展污染防治。

2015 年在《关于做好燃煤机组达到燃机排放水平环保改造示范项目评估监测工作的通知》(环办〔2015〕60 号)中首次提到了"超低排放"概念,计划在 2020 年前,对燃煤机组全面实施超低排放和节能改造。

2017 年环境保护部再次对《固定污染源烟气(SO$_2$、NO$_x$、颗粒物)排放连续监测技术规范》(HJ 75—2017)和《固定污染源烟气(SO$_2$、NO$_x$、颗粒物)排放连续监测系统技术要求及检测方法》(HJ 76—2017)进行了完善与更新。

2017 年 9 月,环境保护部、国家发展和改革委员会等六部委联合下发了《"十三五"挥发性有机物污染防治工作方案》。明确提出,到 2020 年,建立健全以改善环境空气质量为核心的 VOCs 污染防治管理体系,实施重点地区、重点行业 VOCs 污染减排,排放总量下降 10% 以上。并要求将石化、化工、包装印刷、工业涂装等 VOCs 排放重点源纳入重点排污单位名录,主要排污口要安装污染物排放自动监测设备,并与环保部门联网,其他企业逐步配备自动监测设备或便携式 VOCs 检测仪。

2018 年 8 月 30 日,生态环境部印发《关于加强重点排污单位自动监控建设工作的通知》(环办环监〔2018〕25 号),要求重点排污单位中的 VOCs 排放重点源自 2019 年起应将 VOCs 项目纳入自动监控。为规范固定污染源废气非甲烷总烃连续监测系统的性能、质量,实施大气固定污染源排放污染物监测,生态环境部于 2018 年 12 月 29 日发布《固定污染源废气非甲烷总烃连续监测系统技术要求及检测方法》(HJ 1013—2018)。

2020 年 6 月,生态环境部印发《2020 年挥发性有机物治理攻坚方案》,要求各级生态环境部门要高度重视,把挥发性有机物(VOCs)治理攻坚作为打赢蓝天保卫战收官的重要任务。2021 年 11 月,《中共中央 国务院关于深入打好污染防治攻坚战的意见》要求聚焦夏秋季臭氧污染,大力推进挥发性有机物和氮氧化物协同减排。完善挥发性有机物监测技术和排放量计算方法,在相关条件成熟后,研究适时将挥发性有机物纳入环境保护税征收范围。到 2025 年，挥发性有机物、氮氧化物排放总量比 2020 年分别下降 10% 以上。

2023 年 2 月，生态环境部发布《固定污染源废气　非甲烷总烃连续监测技术规范》（HJ 1286—2023），规定了固定污染源废气非甲烷总烃和相关废气参数连续监测系统的组成和功能、技术性能、监测站房、安装、技术指标调试检测、技术验收、日常运行维护、质量保证和质量控制以及数据审核和处理等有关要求。

2020 年 9 月，习近平主席在第 75 届联合国大会一般性辩论上宣布，我国力争于 2030 年前二氧化碳排放达到峰值，努力争取于 2060 年前实现碳中和。2021 年 7 月，生态环境部发布《碳监测评估试点工作方案》（环办监测函〔2021〕435 号），选择火电、钢铁、石油天然气开采、煤炭开采和废弃物处理五类重点行业，开展温室气体试点监测。火电、钢铁行业以 CO_2 为主，石油天然气、煤炭开采行业以 CH_4 为主，废弃物处理行业综合考虑 CO_2、CH_4 和 N_2O。

2022 年 5 月，中国环境保护产业协会发布《固定污染源二氧化碳排放连续监测系统技术要求》（T/CAEPI 47—2022）、《固定污染源二氧化碳排放连续监测技术规范》（T/CAEPI 48—2022）两项团体标准，用于指导提升固定污染源二氧化碳排放连续监测系统性能和数据质量。

我国 CEMS 和 NMHC-CEMS 主要检测的污染物和烟气参数如下：污染物主要有二氧化硫、氮氧化物、非甲烷总烃、颗粒物；烟气参数主要有含氧量、烟气流速（流量）、烟气温度、压力和湿度等。根据燃料种类、燃烧工艺及生产工艺的不同，可能还要监测一氧化碳、氯化氢、挥发性有机物、氨、硫化氢、氟化氢、重金属（汞、铅等）、温室气体（二氧化碳、甲烷、氧化亚氮、氢氟碳化物、全氟碳化物、六氟化硫和三氟化氮等）等。

4.2.2　系统结构和组成

（1）系统组成

CEMS/NMHC-CEMS 由颗粒物监测单元和（或）气态污染物监测单元、烟气参数监测单元、数据采集与处理单元组成（图 4-3）。系统测量烟气中颗粒物浓度、气态污染物浓度、烟气参数（温度、压力、流速或流量、湿度、含氧量等），同时计算烟气中污染物排放速率和排放量，显示（可支持打印）和记录各种数据和参数，形成相关图表，并通过数据、图文等方式传输至管理部门。

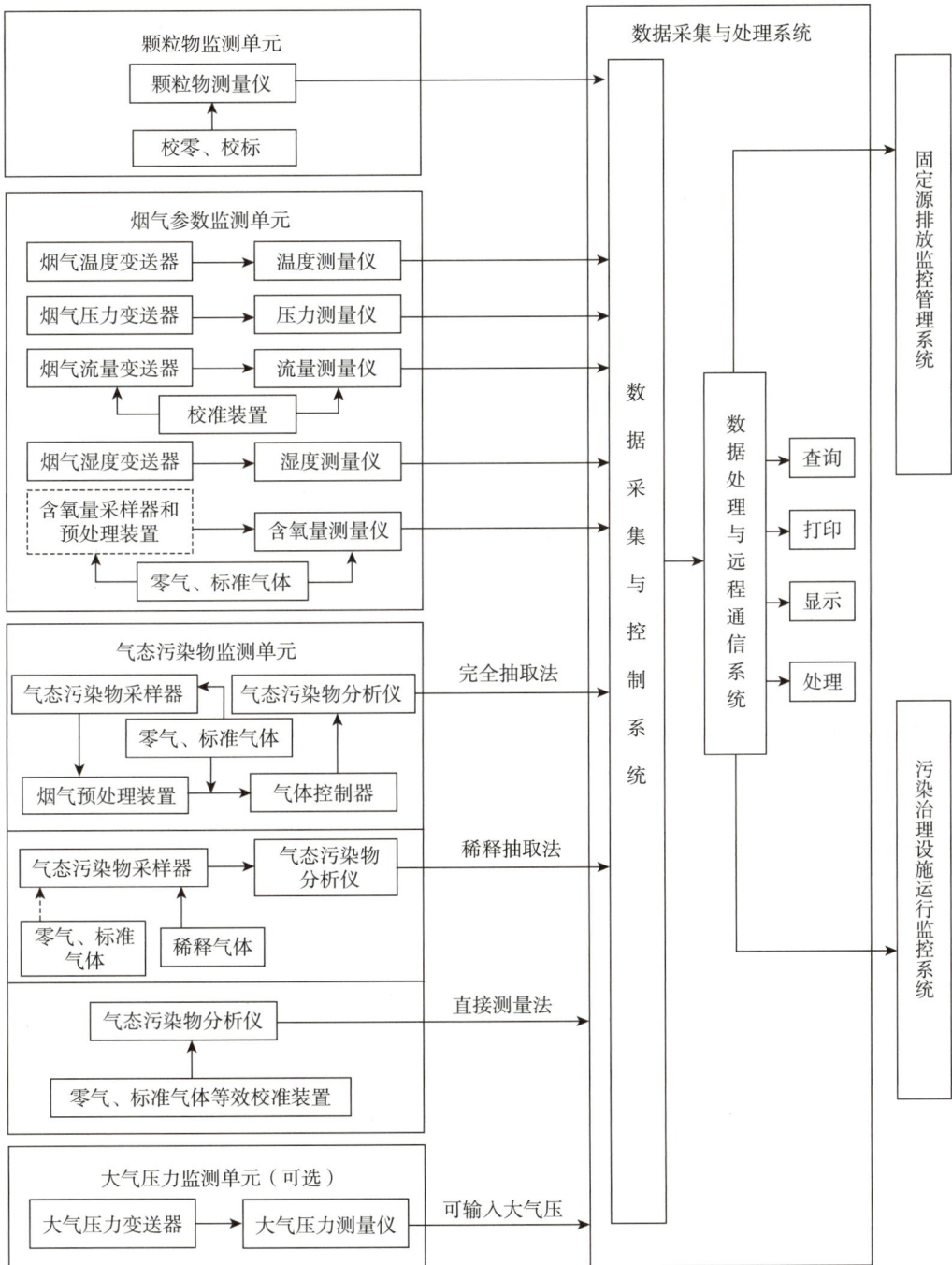

图 4-3　固定污染源烟气（气态污染物、颗粒物）排放连续监测系统组成结构

（2）系统结构

CEMS/NMHC-CEMS 系统结构主要包括样品采集和传输装置、预处理设备、分析仪器、数据采集和传输设备以及其他辅助设备等。依据系统测量方式和原理的不同，

系统由上述全部或部分结构组成。

样品采集和传输装置：主要包括采样探头、样品传输管线、流量控制设备和采样泵等；一般采用抽取测量方式的系统均具备样品采集和传输装置。

预处理设备：主要包括样品过滤设备、除湿冷凝设备等；部分采用抽取测量方式的系统具备预处理设备。

分析仪器：用于对采集的污染源烟气样品进行测量分析。

数据采集和传输设备：用于采集、处理和存储监测数据，并能按中心计算机指令传输监测数据和设备工作状态信息。

辅助设备：采用抽取测量方式的系统，其辅助设备主要包括尾气排放装置、氢气源、反吹净化及其控制装置、空气预处理装置以及冷凝液排放装置等；采用直接测量方式的 CEMS，其辅助设备主要包括气幕保护装置和标气流动等效校准装置等。

4.2.3 典型烟气在线监测仪器

（1）颗粒物监测子系统

颗粒物监测仪（烟尘仪），也称为颗粒物 CEMS，按采样和测量方式分为直接测量式和抽取测量式，"十一五"和"十二五"期间我国应用最多的颗粒物监测技术是浊度法和光散射法，安装量最大的是原位后散射法烟尘仪。近年来随着烟气超低排放推进，抽取式烟尘仪安装量增加迅速。常见的颗粒物监测技术分类和工作原理见表 4-5。其中以高灵敏度、实时性好、能很好适应低浓度、超低浓度监测的光散射法颗粒物监测仪应用最为广泛。

表 4-5 常见的颗粒物监测技术分类和工作原理

监测参数	采样方式和工作原理		
	完全抽取式	稀释抽取式	直接测量式
颗粒物	激光前散射法 β 射线法 振荡天平法	光散射法	浊度法 激光后散射法 激光前散射法

①浊度法烟尘仪

浊度法烟尘仪也称对穿法烟尘仪，应用原理为朗伯－比尔定律。以一定频率调制发射的光，穿过含有颗粒物的气流时光强度会衰减，颗粒物浓度越高，衰减越厉害。在烟道的另一侧设置反光镜，用检测器接收反射回来的光的透过率，转换成电信号，通过用手工采样质量法测定的颗粒物浓度与信号值建立的相关关系，将仪器的电信号转换为颗粒物浓度，此种烟尘仪称为单侧双光程浊度法烟尘仪。另外，还有双侧发射同时双侧接收的双光程浊度法烟尘仪，也称为对侧双光程浊度烟尘仪。

浊度法烟尘仪主要由测量头、反射器、安装法兰、吹扫及控制单元组成（图4-4）。

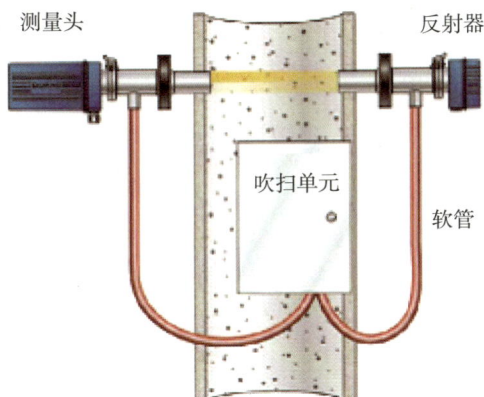

图4-4 浊度法烟尘仪结构

②原位光散射法烟尘仪

原位光散射法烟尘仪也是用类似于朗伯－比尔定律，即波格尔定律而设计的测定烟气中颗粒物浓度的仪器。当光射向颗粒物时，颗粒物能够吸收和散射光，使光偏离它的入射路径，检测器在预设定偏离入射光的一定角度接收散射光的强度。颗粒物浓度越高，散射光强度越大，可以通过计算并得到颗粒物浓度。光散射法会受到颗粒物特性的影响，如粒径、颜色和透光度等，需要将原始光强和通过采样称重法比对得到的系数进行计算后得到的浓度值（mg/m^3）。

仪器接收经颗粒物后向散射的光的强度的方式，称为后向散射法烟尘仪。另有前散射法烟尘仪、边散射法烟尘仪，原理与后散射法烟尘仪类似，只是接收的是颗粒物向前还是向侧面散射的光。目前在烟气颗粒物在线监测中使用最多的是前向散射和后向散射。

后向散射仪器，其光学系统主要由光源、挡尘镜片聚光透镜组成（图4-5）。

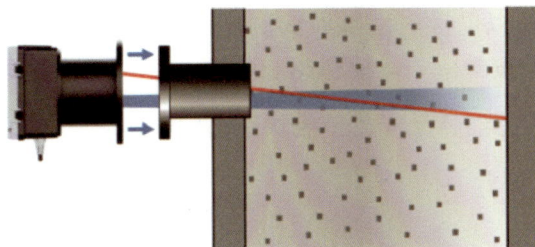

图4-5 激光后向散射式烟尘仪结构

前向散射仪器，主要由光源、反射镜、发射窗口片、接收窗口片、聚光透镜组成（图 4-6）。

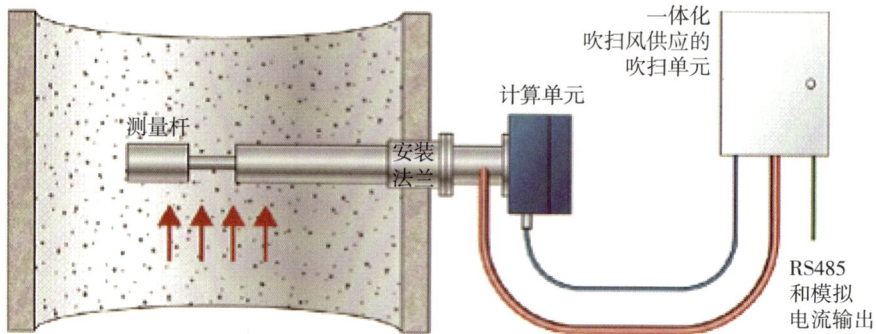

图 4-6　激光前向散射式烟尘仪结构

光散射法利用颗粒物对光的散射作用检测颗粒物浓度，灵敏度高，动态范围大，低浓度场所应用较多。光散射法一般为探头式，安装在烟道单侧即可，不需要准直，安装方便。

与光透射法相比，光散射法在减少对颗粒物粒径分布和颗粒物折射系数的依赖性方面有较大改善，但是水滴对测量精度影响较大。在一定的颗粒物粒径范围内，前散射法对颗粒物的粒径和折射系数的变化敏感度最小，边向散射最敏感。此外，高粉尘烟道中，散射光的衰减较高，测量的非线性增加，影响测量精度，因此该方法适合粉尘浓度低、粉尘粒径和组分变化不大且湿度低的场所。

③抽取式烟尘仪

抽取式烟尘仪的出现是为了解决烟气超低排放后通常需要在饱和湿烟气条件下准确测量低浓度颗粒物的难题。其技术路线是：将烟气从烟道抽取至一个测量腔室，通过加热或稀释的方法将烟气维持在露点温度以上，使待测烟气不含液态雾滴，从而对光学法烟尘仪不再产生干扰。然后采用光散射原理或 β 射线方法进行颗粒物浓度的测量。激光前散射式测量原理见图 4-7。

抽取式烟尘仪一般以前散射法颗粒物测量仪作为核心主机，配套将湿烟气处理成非饱和烟气的抽气加热系统，包括采样探头、控制单元、差压传感器、进气阀、出气阀、射流泵、温度传感器、激光分析模块、温压流模块、风机组成。其工作流程见图 4-8。

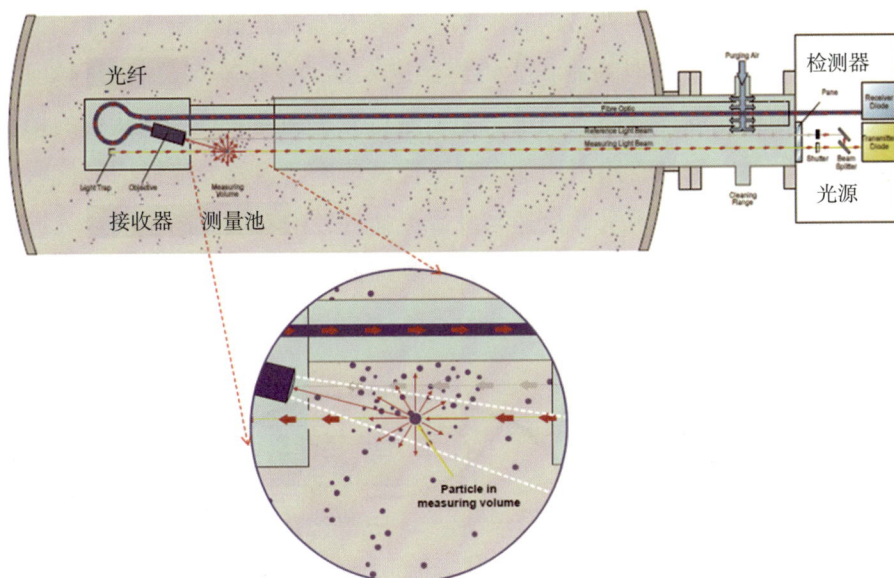

图 4-7　激光前散射式测量原理

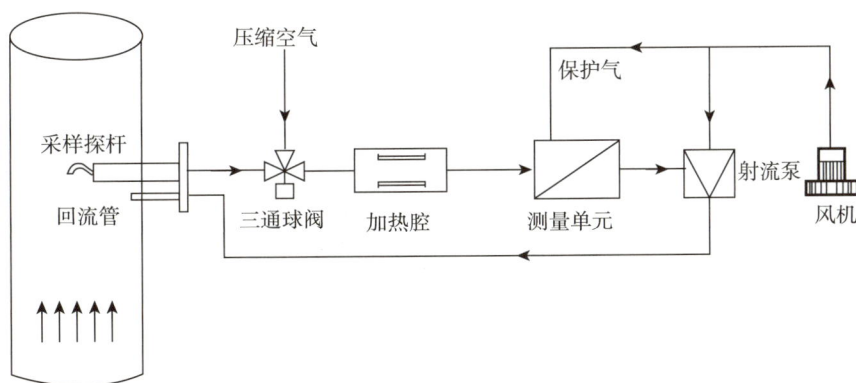

图 4-8　抽取式激光前散射式烟尘仪工作流程

　　稀释抽取法前散射粉尘仪主要分为两部分，即稀释取样测量模块和控制显示模块。取样测量模块通过安装法兰，直接安装在烟道上。稀释抽取法湿法粉尘仪是采用先抽取法，后稀释加热，再根据光散射原理测量粉尘浓度。粉尘仪中的稀释抽取法指的是在被测烟气受到光学传感器测量之前将烟气和高温洁净空气混合，按照一定比例进行稀释的采样方法。通过射流泵将含尘含湿烟气抽进取样探杆，在探杆前端与高温稀释气混合，经过探杆全程加热迅速升至设定温度（高于烟气露点温度）。该采样方法可把烟气的腐蚀性和湿度迅速降低，当烟气进入测量室时，烟气温度高于露点温度，避免采样过程中堵塞污染管路和光学测量时的水雾干扰。烟气稀释装置还可利用原稀释用高温洁净气间断性地对探头和管路进行反吹，减少人工维护量和等速采样干扰。在处于反吹自清洁的状态时，同时控制粉尘传感器进入自动在线零点及满量程校验状态，保障传感器测量精度。取样管路上的球阀能够进行测量和反吹自清洁状态的切换，控制周期可以设定。稀释加热管路中添加等速采样调节阀，当外界流速信号接入控制模块后，通过采样流量控制实现采样流速与外界流速一致的功能。高温混合气进入测量室，由高精度粉尘测量传感器进行测量，并得到原始散射光信号。稀释抽取式激光前散射式烟尘仪流程见图4-9。

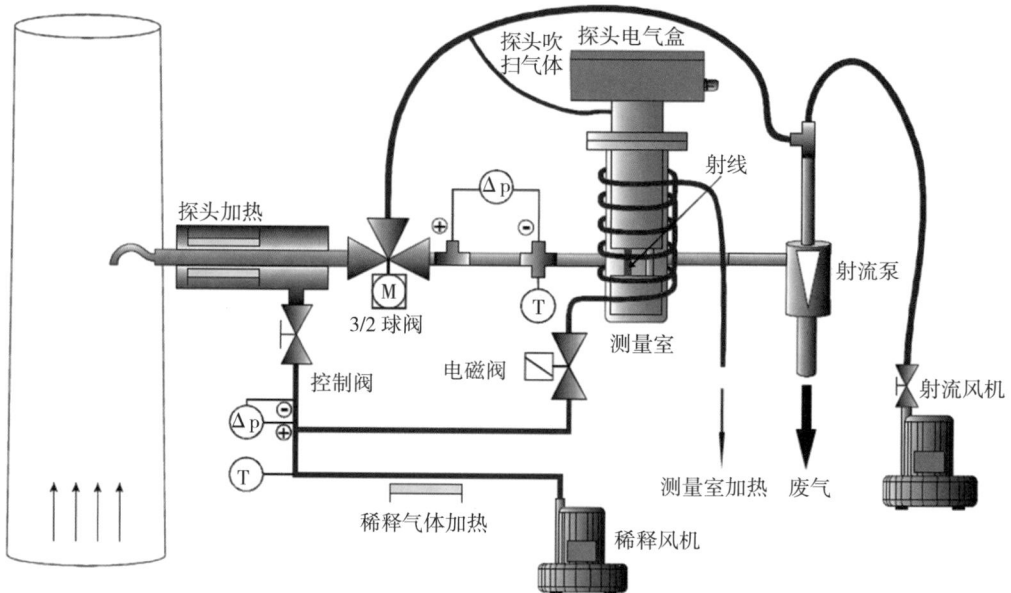

图 4-9　稀释抽取式激光前散射式烟尘仪流程

针对湿法脱硫后的饱和湿烟气应用场合，原位式颗粒物监测仪已经不再适用。采用抽取式烟尘仪，通过加热或稀释的方法将饱和湿烟气维持在露点温度以上，使被测烟气不含液态水雾，避免其对测量的影响。抽取式烟尘仪特别适合高湿度、低浓度烟气颗粒物的连续在线监测。

（2）气态污染物监测子系统

气态污染物监测子系统按其测量分析方式可分为两类：一类是抽取测量方式，将烟气从烟囱或烟道中抽取出来进行测试分析；另一类是直接测量方式，将测量分析单元安装在烟囱或烟道上直接对排放烟气进行测试分析。抽取测量方式依据其采样单元的不同又分为完全抽取和稀释抽取两种方式。系统选取不同的采样和分析测量方式，测量分析单元对应使用的分析方法和原理也不相同，出具的数据状态更是有较大差异，常见的气态污染物监测技术分类和工作原理见表 4-6。

表 4-6 常见的气态污染物监测技术分类和工作原理

采样方式		监测参数及其工作原理					
		二氧化硫	氮氧化物	一氧化碳	二氧化碳	氯化氢	非甲烷总烃
完全抽取式	冷干法	非分散红外法、非分散紫外法、紫外差分吸收法	非分散红外法、非分散紫外法、紫外差分吸收法	非分散红外法	非分散红外法	—	—
	热湿法	非分散紫外法、紫外差分吸收法、傅里叶红外法、高温红外	非分散紫外法、紫外差分吸收法、傅里叶红外法、高温红外	傅里叶红外法、高温红外	傅里叶红外法、高温红外	傅里叶红外法、高温红外	气相色谱法、催化氧化-FID
稀释抽取式		紫外荧光法	化学发光法	气体滤波相关红外吸收法	气体滤波相关红外吸收法	—	—
直接测量式		非分散紫外法、紫外差分吸收法	非分散紫外法、紫外差分吸收法	气体滤波相关红外吸收法	气体滤波相关红外吸收法	可调谐激光法	—

1）气态污染物监测子系统分类

①完全抽取式 CEMS

完全抽取式 CEMS 是指直接从烟囱或烟道内抽取烟气，经过适当的预处理后将烟气送入分析仪进行检测的 CEMS。完全抽取式又可分为冷干抽取式和热湿抽取式，所谓冷干抽取式和热湿抽取式是针对样气预处理步骤而言的。烟气经抽取后全过程不除湿（保持烟气在露点温度以上），分析仪直接分析热湿态样气，称为热湿抽取式；样气在进入分析仪之前经冷却除湿设备除去水分变成干态后再分析则称为冷干抽取式。冷干抽取式测量气态污染物浓度为干基值，热湿抽取式测量污染物浓度为湿基值。由于我国排放标准以干基排放的气态污染浓度计，所以我国安装的 CEMS 以冷干直接抽取式居多。

a. 冷干抽取式又可分为后处理式和前处理式两种。后处理式需要对采样探头和传输管路加热，保证样气在输送过程中不会因传输管道温度低于采样气体露点温度而结露，然后在进入分析仪前再除去水分；前处理式即在烟气抽出烟道就使用制冷技术或化学反应除水技术除去烟气中的水分，使样气传输时无须加热。

经典的冷干抽取式（后处理式）CEMS 基本流程：通过具有加热装置的烟尘过滤器将样气采集至加热输气管线，在分析小屋内通过两级冷凝脱水后，经过细过滤器进入分析仪,对烟气成分和浓度进行分析。其基本结构包括采样探头、采样伴热管、过滤器、除湿器、采样泵、气体分析仪及辅助单元等(图4-10)。

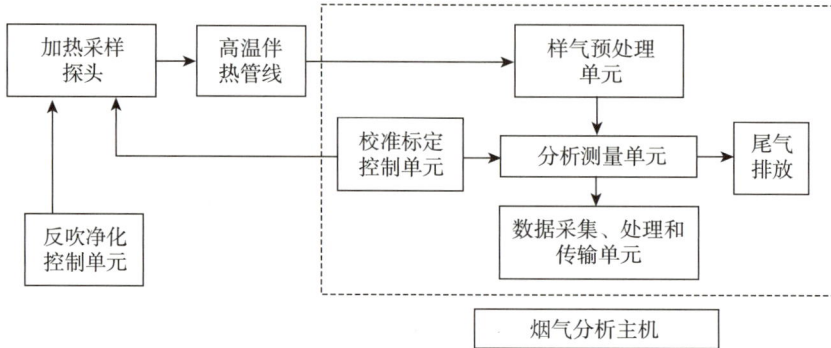

图4-10　冷干抽取式 CEMS 系统组成结构

b. 热湿抽取式系统由取样单元和高温分析单元组成。取样单元包括带加热过滤器的高温取样探头、伴热取样管线、高温取样泵、高温条件运行的细过滤器、流量计、反吹控制、校准阀组。高温分析单元包括使用高温测量气室及检测器的分析仪。热湿抽取式 CEMS 系统组成结构见图4-11。

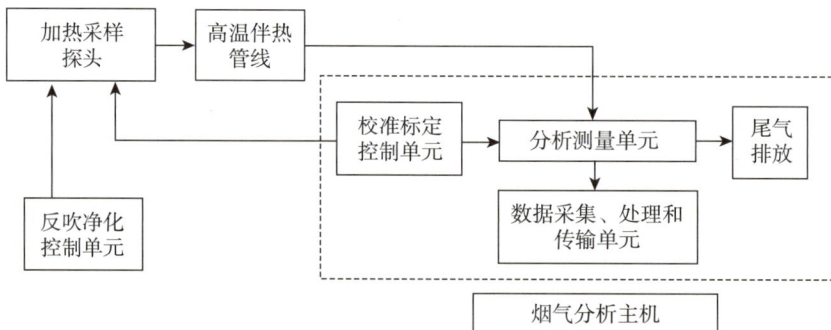

图4-11　热湿抽取式 CEMS 系统组成结构

②稀释抽取式 CEMS

稀释抽取式 CEMS 是指使用经多级处理后的洁净空气对烟气样品进行一定比例稀释后再使用气体分析仪进行分析并取得数据,之后将所得数据乘以稀释倍数得出实际样品浓度的 CEMS。由于经稀释后的样气露点温度很低,通常不需要加热传输,但稀释式样气并未除湿,因此直接测量得到的污染物浓度值仍为湿基值,还需实测烟气湿度来计算得到干基值。

稀释抽取式 CEMS 关键技术在于稀释取样探头，它包括临界小孔（critical orifice）、文丘里管（venturi）和喷嘴（nozzle），其主要作用是将样气按比例精确稀释，根据稀释探头在烟道内和烟道外，又可将稀释抽取式分为烟道内稀释式和烟道外稀释式。稀释探头在烟气混合稀释之前应对烟气进行过滤以去除颗粒物。为补偿样气和标气温度差异对稀释比的影响，有些稀释探头在前段还装有加热装置，以确保样气和标气以基本恒定的温度通过音速喷嘴。

典型稀释抽取式 CEMS 基本结构由稀释取样探头、稀释气处理单元、取样管线、气体分析仪、稀释探头控制器等组成（图 4-12）。

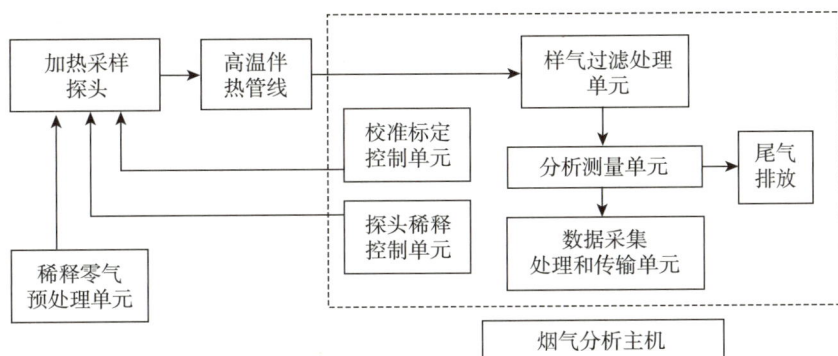

图 4-12　稀释抽取式 CEMS 系统组成结构

稀释抽取式 CEMS 的特点是预处理简单，无须冷凝除水，样气经过稀释后，有效地降低了样气的露点温度，避免待测组分溶于水等带来的测量干扰；采样量小，延长了探头过滤器的使用寿命，降低维护费用。采用紫外荧光技术和化学发光技术测量 SO_2 和 NO_x，检测下限可达到 ppb（10^{-9}）级，灵敏度高，稳定性好，尤其适合污染物浓度极低的工况。

③直接测量式 CEMS

直接测量式 CEMS 是指利用直接安装在烟道内的传感器或穿过烟道的特殊光束，无须对被测成分进行采样和预处理而直接测定烟气中污染物浓度的 CEMS。直接测量式又称 in-situ 式、原位式或直插式，是一种结构相对简单的 CEMS 技术。直接测量式 CEMS 测得的污染物浓度值为湿基值，需要用烟气湿度来计算得到干基值。

直接测量式 CEMS 按测量范围一般分为两类：一类是直接在烟道中测量的传感器或发射一束光穿过烟道，利用烟气的特征吸收光谱进行气态污染物的分析测量，一般概念上的直接测量式 CEMS 即指这种系统；另一类是指使用电化学或光电传感器，传感器安装在探头的端部，探头插入烟道，测量较小范围内烟气中污染物的浓度，相当于点测量，氧化锆法测氧仪、阻容法湿度仪都属于这种方式。

根据仪器的构造和测量点的位置不同，直接测量式 CEMS 可分为内置式和外置式；根据光源发射和接收段的位置及光线是否两次穿过被测烟气可分为双光程和单光程。直接测量法 CEMS 有采用探头和光谱仪紧凑相连的一体式结构，也有将探头和光谱仪分开的分体式结构，探头和光谱仪之间采用光纤进行光信号传输。直接测量式 CEMS 系统组成结构见图 4-13。

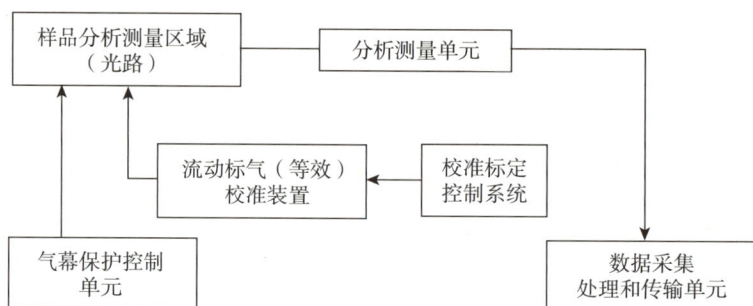

图 4-13　直接测量式 CEMS 系统组成结构

2）污染源气态污染物测量技术

①气态污染物种类及常用测量方法

SO_2、NO_x、CO_2 测量技术目前以光学技术为主，待测气体吸收红外光和紫外光，利用污染物分子吸收特征波长光的特点，根据朗伯 – 比尔定律，能够检测出不同种类的污染物含量。固定污染源烟气自动监测常用的检测方法有非分散红外法（NDIR）、气体过滤相关法（GFC）、傅里叶变换红外法（FTIR）、紫外差分吸收光谱法（DOAS）、非分散紫外法（NDUV）、紫外荧光法和化学发光法。

对于 HC1、HF 等卤族气体，通常除可以采用光学法测量技术外，还可采用可调谐二极管激光技术来测量。激光二极管的光通过被测量气体后被激光二极管检测，激光二极管的波长可调谐成被测气体的吸收波长，此光被调谐波长扫描并由激光二极管将透过光的信号记录下来，由计算单元计算吸收光信号的大小并得到被测气体的浓度，此方法叫作可调谐二极管激光光谱（TDLS）或可调谐二极管激光吸收光谱（TDLAS）。

烟气中气态汞的监测近年来受到越来越多的关注。汞 CEMS 分为在线自动监测法（US EPA Method 30A）和半自动方式的吸附管监测法（US EPA Method 30B）两种方法。其中在线自动监测法依照采样方法的不同，可分为稀释采样法、直接采样法和直接测量法 3 种。燃煤电厂多采用稀释采样法和直接采样法汞 CEMS，垃圾焚烧多采用直接采样法和直接测量法汞 CEMS。为提高检测灵敏度，汞 CEMS 可采用金汞齐富集方式对样气进行预处理。汞 CEMS 主要采用的分析方法有冷原子吸收光谱法（CVAAS）、塞曼分光冷原子吸收光谱法（ZAAS）、原子荧光光谱法（CVAFS）和紫外差分吸收光谱法（DOAS）等。

固定污染源 VOCs 在线监测分为总量监测和组分监测。总量指征指标是非甲烷总烃，测量原理主要有气相色谱（GC）-氢火焰离子化检测（FID），系统结构多采用完全抽取或稀释抽取方式。组分监测按照不同行业排放特征决定监测对象，目前市面主流测量原理为气相色谱结合不同检测器，其所能监测物质种类取决于方法开发能力。

固定污染源氨的监测有两个应用场景：一是合成氨等典型行业的最终排放口，二是过程控制的逃逸氨监测。氨 CEMS 的主要分析原理有紫外差分吸收光谱法、可调谐激光二极管法、傅里叶红外法等，系统结构主要有原位式和抽取式。

近年来，远距离利用红外扫描有毒气体及云团进行遥测的设备，也应用到了污染源监测上，其原理基于被动傅里叶红外技术，通过光学和红外成像系统获得被测区域的视频图像，再定性识别污染物，同时对污染物浓度、浓度梯度、扩散范围进行直观分析。

②主要常用的气态污染物测量方法及其原理

a. 非分散红外法（NDIR）

非分散红外法是现代在线气体分析仪器中最常用的方法。NDIR 气体分析仪是将红外辐射光源的连续红外线辐射到装有被测量气体的气室中，待测气体对其特征光谱的入射光有选择性吸收（如 SO_2 吸收 7 300 nm、NO 吸收 5 300 nm、CO 吸收 2 600～2 900 nm 及 4 100～4 500 nm、CO_2 吸收 4 260 nm），采用相应的检测器接收气体吸收后的出射光的信号，从而实现对待测气体组分的定性或定量分析。

NDIR 气体分析仪大多是由红外辐射光源、测量气室、滤波元件、检测器及测量控制器等组成，见图 4-14。

NDIR 可用于气体分析，具有选择性好、测量范围宽、灵敏度高、测量精度高、反应快、可靠和稳定等优点，适合于对多组分混合气体中某一待分析组分的测量。分析仪只对待分析组分的浓度变化有反应，而对背景气体组分中的干扰组分变化很少有响应。由于红外光谱中水分的吸收光谱比较宽，可能会对被测组分存在干扰，必要时应采取措施减少水分影响。一般都要求红外分析仪检测的被测气体干燥、清洁和无腐蚀性。

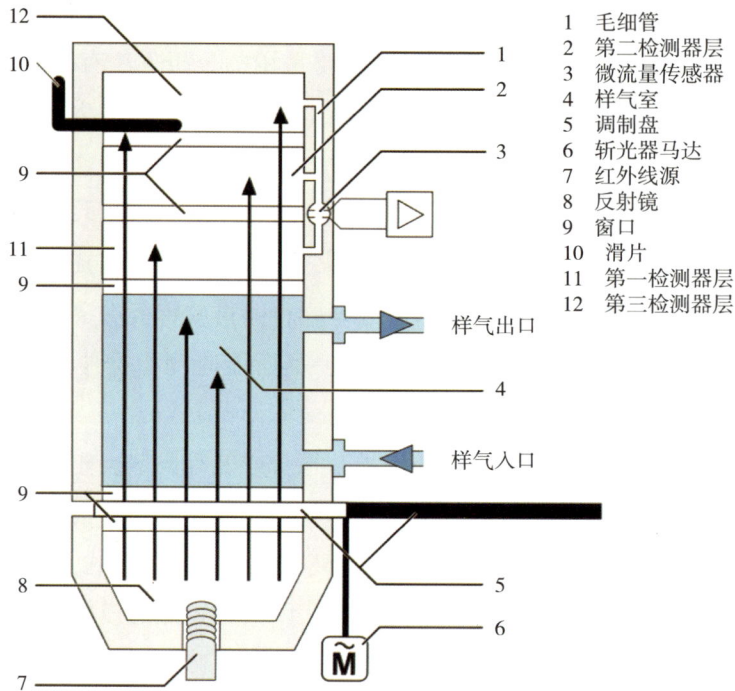

1	毛细管
2	第二检测器层
3	微流量传感器
4	样气室
5	调制盘
6	斩光器马达
7	红外线源
8	反射镜
9	窗口
10	滑片
11	第一检测器层
12	第三检测器层

图 4-14　非分散红外法测量示意

b. 气体过滤相关法

采用气体滤波相关技术的红外气体分析仪主要指采用干涉滤光片及气体滤波技术的相关红外气体分析仪，也归类为非分散型红外气体分析仪。普遍采用两种滤波技术，一种是干涉滤波相关（IFC）技术，另一种是气体滤波相关（GFC）技术。滤波元件分别采用窄带干涉滤光片和气体滤波气室，也有同时采用干涉滤波相关技术及气体滤波相关技术的红外气体分析仪。

GFC 红外气体分析仪具有对背景气体非常优秀的抗干扰能力，适用于低量程气体检测。滤波气室轮上配有参比气室，用于提供参比波长，采用时间分割的双光路测量技术。检测器可采用半导体检测器或热释电检测器等。IFC 红外气体分析仪大多采用红外脉冲光源，检测器前用干涉滤光片分光，仪器结构简单、无可动部件，也称半导体红外分析仪，适合振动大的安装场所，大多用于常量气体分析。

气体过滤相关技术已应用于抽取系统的分析仪中，测量 SO_2、NO、CO_2、CO、NH_3、H_2O、HCl 和 CH_4 等，能够设计在同一时间测量几种不同气体的仪器系统。通过旋入测量气体的气体滤光器（参比仪器），在一台仪器上能够测量多种气体。用限制 IR 特征吸收光谱范围的窄带通滤光器，与气体滤光器合成一体组成滤光器旋转轮，旋转通过光束，连续测量多种气体的浓度。这种技术的分析仪坚固耐用，成本低且对振动影响的敏感度低。气体滤波相关技术测量示意见图 4-15。

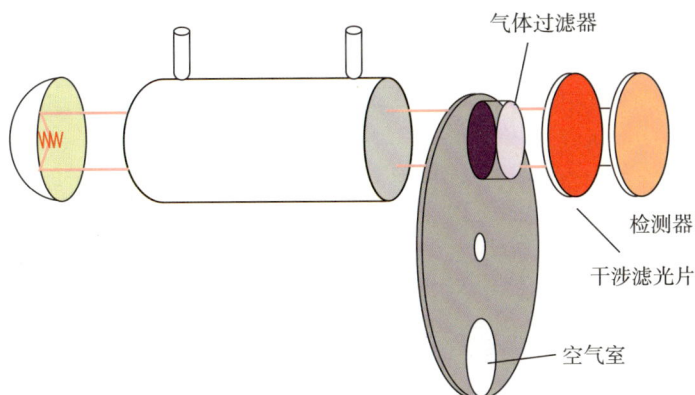

图 4-15　气体滤波相关技术测量示意

c. 傅里叶红外法（FTIR）

傅里叶红外法在线分析可分为近红外（FT-NIR）和中红外（FT-MIR），主要是应用中红外光谱区的吸收光谱进行分析。凡是在红外光谱区域有特征吸收光谱的气体组分都可以适用于 FTIR 气体分析。用于常量气体监测的测量池通常采用短光程的气体测量池；用于微量气体检测的测量池需要采用长光程的气体测量池，如多返气体测量池，其光程可长达几十米，适用于微量及痕量气体检测。

光源发出的光被分束器分为两束，一束经过分束器到达动镜，另一束经过分束器到达定镜，两束光分别从定镜和动镜反射回来到达分束器的另一面进而产生干涉，随着动镜作直线运行，干涉条纹发生连续变换，干涉光在经过样品池之后，被检测器检测，经计算机数据处理，将干涉吸收图经过傅里叶变换转换成常见的红外吸收光谱图，并输出对应浓度信号。

FTIR 在线气体分析仪主要是由红外光源、干涉仪、气体测量池、检测器、计算机控制单元及光谱测量软件等组成的精密光学在线分析仪器。傅里叶红外法测量原理见图 4-16。

FTIR 光谱技术能够测量固定污染源排放气体污染物 ppm（10^{-6}）级浓度。

FTIR 光谱技术原理的分析仪能够同时测量多达 50 种化合物，响应时间极快并且交叉干扰比 NDIR 分析方法少。FTIR 的最大特点是不需要对照参考物质频繁地校准分析。一旦仪器经过校准，校准数据即存入光谱库保存在软件中。当测量新的化合物时不必重新设计新的仪器，如果该化合物吸收红外区域的光，应用 FTIR 技术就能测量。但是需要在光谱库中建立在预计的污染物浓度范围内目标化合物的光谱。

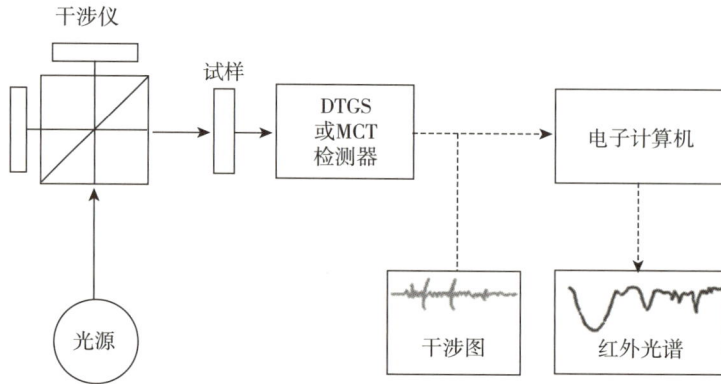

图 4-16　傅里叶红外法测量

FTIR 分析技术具有信噪比高、精度高、分辨能力强、动态检测范围宽等优点，已经广泛用于工业过程的在线气体分析及环境监测的污染源气体排放监测（包括燃烧源、危险废物焚烧炉、废液焚烧和工业过程的监测）。

d. 非分散紫外法（NDUV）

非分散紫外吸收最基本的原理也是利用光谱吸收的朗伯－比尔定律。紫外可见光发射器向接收器发射具有确定光谱的紫外光束，紫外光经过滤光片滤光后通过分束器分成两束光，其中一路投射到紫外参考探测器上，另一路进入样品室被待测物质所吸收，吸收后的紫外光信号再投射到紫外探测器上。光强信号经探测器转化为电信号，再经模数转化后输入计算机进行处理，最后得出被检测区域内的气体浓度。

非分散紫外分析仪主要由紫外光源、气体室、分光模块（分束片和滤光片）及探测器等组成（图 4-17）。

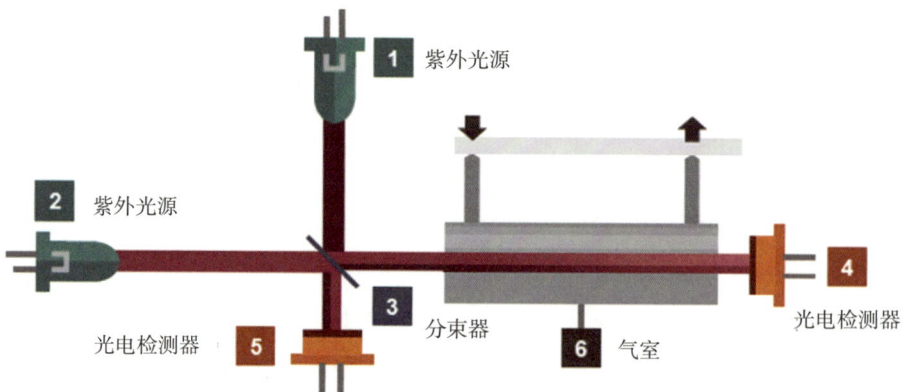

图 4-17　非分散紫外法测量示意

由于 CO_2 和 H_2O 在紫外光谱范围没有吸收，对于某些在红外光谱范围内 CO_2 和 H_2O 交叉干扰严重的气体组分，采用紫外吸收光谱法检测会取得更好的测量效果。

由于紫外光谱不受水汽的影响，因此可以直接采用热湿系统对样气进行采样分析，而不必去除系统中的水蒸气；但是为防止样气出现冷凝，整个采样气路以及测量池都需要进行高温加热。相较于 NDIR，NDUV 在烟气排放中 SO_2、NO_2 的连续在线监测应用中，具有较强的优势，采用 NDUV 方法不仅能获得更低的检测限，还能较好地避免烟气中 CO_2、H_2O 以及其他组分的干扰，因此将 NDUV 应用在烟气脱硝后，不需要转换器，即可对 NO_2 进行测量，从而减少了维修。

e. 紫外差分吸收光谱法（DOAS）

差分吸收光谱法主要是利用吸收分子在紫外到可见光段的特征吸收来测量烟气中特征污染气体成分（NO_2、SO_2、Hg、NH_3 等）。差分吸收光谱技术是利用特征污染气体分子的窄带吸收特性来鉴别气体成分，并根据窄带吸收强度来推演气体的浓度，因此差分吸收光谱方法具有一些传统检测方法所无法比拟的优点。

紫外差分气体检测系统主要包括光源发射器、光源接收器、分析气室、光纤、光谱仪和计算机等（图 4-18）。

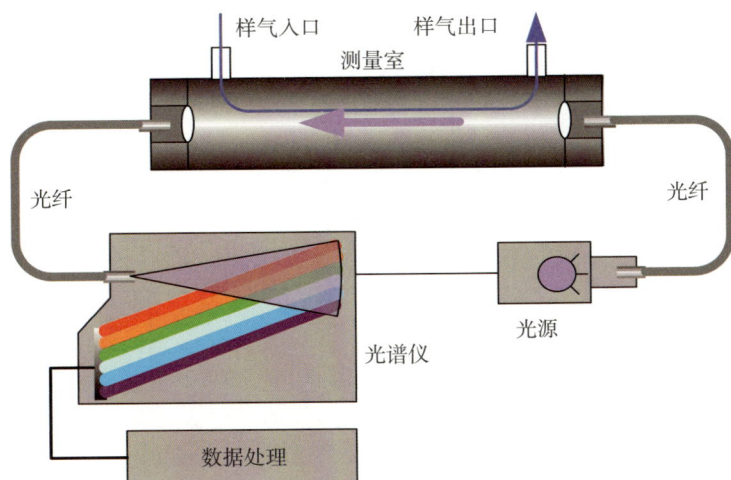

图 4-18 紫外吸收光谱法测量示意

DOAS 广泛应用于烟气监测领域，差分吸收光谱法的主要优点是可以在不受被测对象化学行为干扰的情况下测量它们的绝对浓度，可以通过分析几种气体在同一波段的重叠吸收光谱，来同时测定几种气体的浓度。

在测量燃煤电厂锅炉、各种工业窑炉等固定污染源排放的烟气组分时，由于烟气成分复杂，各种烟气成分对光均有不同的吸收作用，当监测某种气体成分时，其他组分的气体的吸收必然会对准确测量被测对象产生干扰作用。因此对于固定污染源的烟气排放监测，根据被测气体在所选波段上的频率特性，将吸收截面分成两部分，随波长快速变化的窄带吸收截面和随波长缓慢变化的宽带吸收截面；当仅考虑快变部分时，就可以消除气体分子及烟尘颗粒物的瑞利散射和米氏散射以及光强衰减等的影响。

　　紫外DOAS技术可消除烟尘、水汽、其他气体交叉干扰、光强度变化、仪器结构和器件变化等因素对测量结果的影响，有效地抑制了样气中颗粒物杂质和光源波动对测量的影响，测量准确、检测灵敏度高、稳定性好。此外，还可获得多种被测气体组分的吸收光谱，然后利用差分吸收光谱技术对吸收光谱进行分析，支持多组分气体同时监测，特别适合在高湿、高尘、高腐蚀和复杂背景等恶劣工况下使用；可广泛应用于火力发电厂、各种工业窑炉/锅炉、化学工业、钢铁烧结/炼钢厂、水泥工业、垃圾焚化厂、石油工业等场合。基于以上特点，紫外DOAS技术也可以直接用于烟气排放原位式测量。

　　f. 紫外荧光法

　　紫外荧光法是基于分子发射光谱法。采用紫外灯照射在SO_2气体分子上，让它成为激发态的SO_2，当激发态的SO_2分子返回到基态时，就会发射出荧光光子，紫外荧光光强与SO_2样气的浓度呈线性关系。紫外荧光法二氧化硫仪测量示意见图4-19。

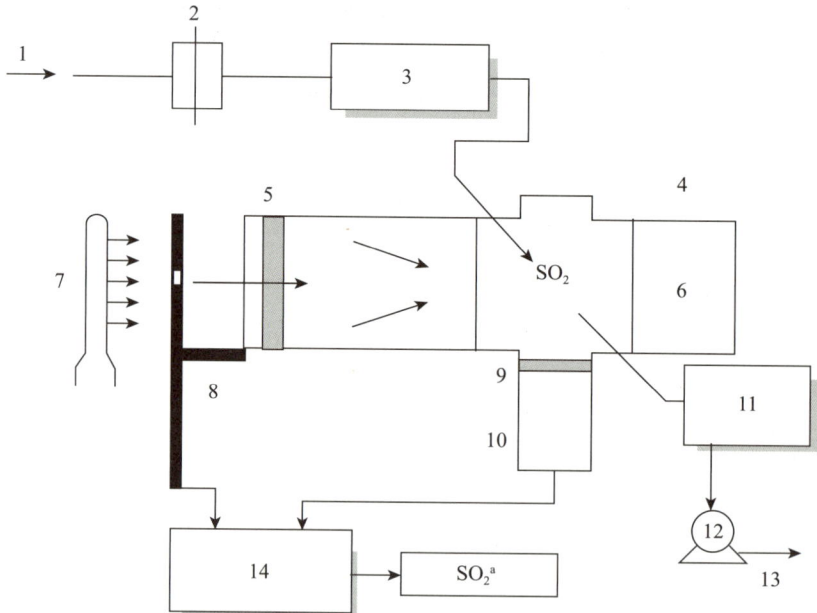

1. 样品空气；2. 颗粒物过滤器；3. 干扰物质去除管；4. 反应室；5. 光学滤波器；6. 光线捕集器；7. 紫外灯；8. 调幅器；9. 光学滤波器；10. 光电倍增管；11. 流量控制器和流量计；12. 抽气泵；13. 废气；14. 放大器

图4-19　紫外荧光法二氧化硫仪测量示意

分析仪主要包括光源系统（光源及光源预处理系统）、检测系统、样气预处理系统、反应室、采样系统。

紫外荧光法的技术特点是测量精确度高，检测下限可达到 ppb（10^{-9}）级，重复性好，抗干扰能力强和操作简便等。

g. 化学发光法

某些物质在进行化学反应时，由于吸收了反应时产生的化学能，使反应产物分子激发到激发态，受激分子由激发态跃迁回基态时以辐射形式发出一定波长的光。这种吸收化学能使分子发光的过程，称为化学发光。利用化学发光建立起来的分析方法称为化学发光分析法。

NO 和 O_3 在一起发生碰撞发生化学反应，NO 吸收了大量的能量生成激发态的 NO_2^*，激发态的 NO_2^* 是一种不稳定态，它很快会回到基态，伴随着 NO_2^* 返回基态的过程，有大量能量需要释放，将产生 500～3 000 nm 的红外辐射，波峰大约在 1 200 nm。

在 NO 浓度较低的情况下，NO 和 O_3 发生化学反应发出的光与 NO 的浓度呈线性关系，NO 浓度越高，产生的光子越多，光的能量越强。采用带通滤光片选择波长为 600～900 nm 的光，用近红外的光学检测器观测光学高通范围内化学发光辐射的总强度确定 NO 的浓度。

烟气中的氮氧化物主要包括 NO 和 NO_2，NO_2 不能与 O_3 发生化学发光反应，要检测样气中氮氧化物总量，需要把 NO_2 转化为 NO。常用的转化方法为金属还原法，即利用特定活泼度的金属在高温下与 NO_2 反应，夺取其中的 1 个 O 原子，使其还原为 NO。通常采用金属钼（Mo）作为还原剂。

化学发光分析主要包括臭氧发生单元、铂转化单元、反应室、检测单元、采样单元，测量原理见图 4-20。

化学发光法的技术特点是灵敏度高、选择性好，由于不需要外来光源，减少或消除瑞利散射和拉曼散射，避免了背景光和杂散光的干扰，降低了噪声的影响，大大提高了信噪比，是一种有效的痕量分析方法。

h. 可调谐二极管激光技术

半导体激光器又称二极管激光器（diode laser，DL）或激光二极管（LD），是激光光谱气体分析应用的一种激光光源。用于近红外气体分析的半导体激光器，大多为可调谐二极管激光器（tunable diode laser，TDL）。应用 TDL 的激光吸收光谱的分析技术，被称为可调谐二极管激光吸收光谱（tunable diode laser absorption spectroscopy，TDLAS）技术。TDLAS 分析采用"单线吸收光谱"测量技术，可以克服背景气体交叉干扰，已成为一种高分辨率的激光光谱分析技术。

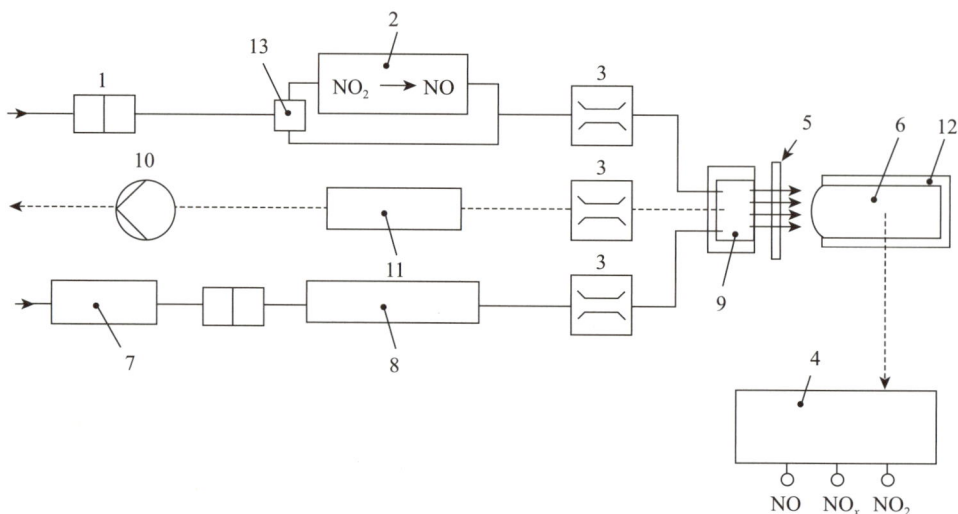

1. 颗粒物过滤器；2. 转化器；3. 流量控制器；4. NO-NO$_x$ 循环控制；5. 滤光器；6. 光电倍增管；
7. 干燥器；8. 臭氧发生器；9. 反应室；10. 采样泵；11. 臭氧去除器；12. 制冷壳；13. 顺序控制器

图 4-20　化学发光法氮氧化物分析仪测量示意

　　TDLAS 检测技术抗干扰能力强的特点是基于"单线吸收光谱"测量技术。应用 TDLAS 测量，首先要选择被测气体的特征吸收谱线，通过调制激光器的工作电流使激光器发射的特征波长扫描该被测组分的特征吸收谱线，从而获得"单线吸收光谱"测量。在选择被测气体特征吸收谱线时，应保证在所选吸收谱线频率附近约 10 倍谱线宽度范围内无背景气体组分吸收谱线，从而避免这些背景气体组分对被测气体的交叉吸收干扰，以保证测量的准确性。

　　激光吸收光谱技术根据采样的方式又可以分为抽取式激光吸收光谱法和原位式激光吸收光谱法。

　　激光吸收光谱法仪器主要由发射单元、光学模块和接收单元 3 部分组成（图 4-21）。

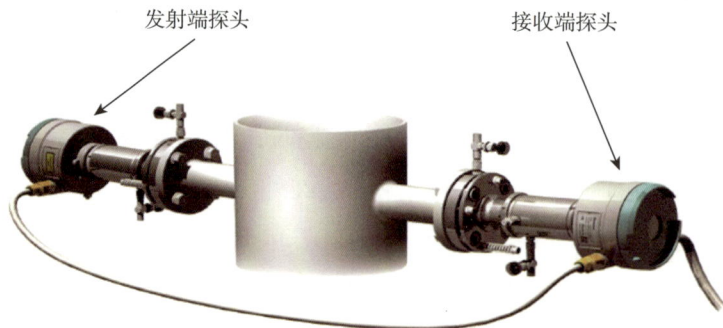

图 4-21　激光吸收光谱法仪器结构

脱硝出口的净烟气测量中，除测量氮氧化物外还需要测量微量的氨逃逸量，在测量氨逃逸量的技术中，微量氨（小于 3 μmol/mol）的测量难度较大又易溶于水，测量微量氨的技术主要包括激光吸收光谱法、催化还原－化学发光法和傅里叶变换红外光谱分析技术。

采用原位式激光气体分析检测微量氨的优点是无须采样和预处理，通过原位测量氨，没有样品取样及传输带来的影响，也不存在转换器的转换效率问题。采用激光分析原位测量微量氨，激光穿过烟道测量分析是线测量，而抽取式取样分析是点测量。相较之下，线测量更具有代表性，更能反映烟气中氨浓度的真实性。

由于激光原位测量仪器的发射、接收探头直接安装在烟道壁上，易受到钢制烟道壁的振动，或钢制烟道受温度变化发生应变等环境因素的影响，可能会对仪器测量结果带来不利影响，产生测量不稳定或不应有的指示漂移。另外，在烟尘及液滴含量较高时，长时间会对光窗产生污染，对激光测量光束的透射光强造成衰减，还可能影响激光透射光到接收探头光电池的信号，严重时会影响测量结果的准确性。

i. 冷原子吸收光谱法（CVAAS）、塞曼分光冷原子吸收光谱法（ZAAS）、原子荧光光谱法（CVAFS）

原子吸收光谱（AAS）是基于自由原子吸收光辐射的一种元素定量分析方法。即被测元素的基态原子对由光源发出的该原子的特征性窄频辐射产生共振吸收，其吸光度在一定浓度范围内与蒸气相中被测元素的基态原子浓度成正比。AAS 是目前痕量汞分析应用最广泛的检测方法之一，尤其是冷蒸气原子吸收分光光谱法（CVAAS），它极大地提高了汞测量分析的灵敏度，是目前汞分析中主要和普及的方法之一。CVAAS 是通过汞灯光线强度的减弱检测汞的浓度。入射光源是汞灯，当分析样气中的汞离子还原成自由原子时，由于蒸气相中的基态原子在汞特征电磁辐射 253.7 nm 波长处的吸收，汞灯强度的减弱和样品中汞的浓度满足正比例关系。

原子荧光光谱（AFS）的基本原理是基态原子（一般蒸气状态）吸收合适的特定频率的辐射而被激发至高能态，由高能态回到基态时，会发射出特征波长的荧光，而荧光强度在一定范围内与汞的浓度成正比。通过测量待测元素的原子蒸气在辐射能激发下产生的荧光发射强度，来确定待测元素含量的方法。冷蒸气原子荧光光谱法（CVAFS）测汞采用汞灯作为辐射源，当汞蒸气通过样品池时，样品中的汞原子接收由低压汞灯发出波长为 253.7 nm 的激发光照射，基态汞原子被激发到高能态，当返回到基态时辐射出荧光，由光电倍增管测量产生的荧光强度，通过计算得到汞的浓度。

固定污染源烟气中气态汞排放连续在线监测系统（Hg-CEMS）的组成包括采样系统、转换装置、传输系统、汞分析仪、校准单元、数据采集及传输单元等（图 4-22）。

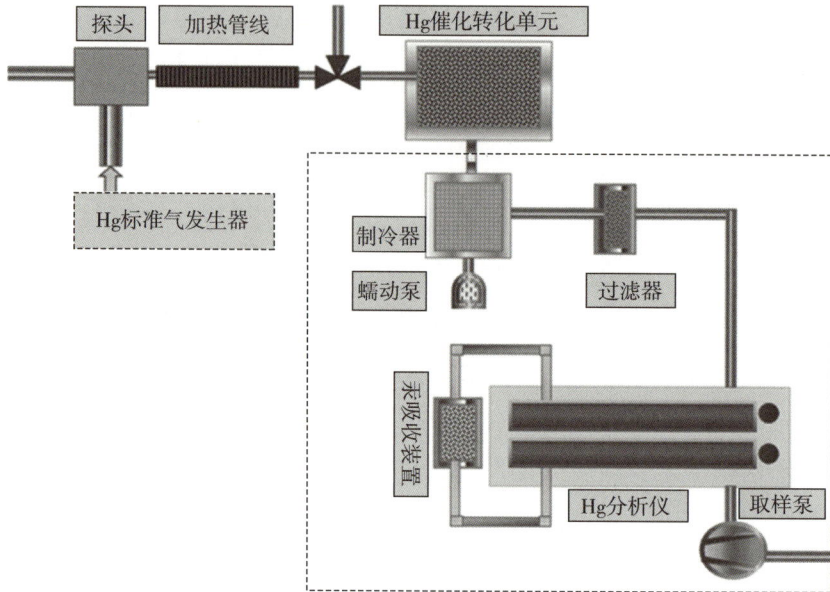

图 4-22 气态汞排放连续在线监测系统结构

j. 气相色谱 - 氢火焰离子化检测（GC-FID）

气相色谱法（gas chromatography，GC）是目前使用最广泛的一种色谱分析方法。它是以高纯气体为流动相（也称为载气），将被测样品带入涂敷或填充固定相的气相色谱柱进行分离的分析方法。实际工作中要分析的样品往往是复杂基体中的多组分混合物，对含有未知组分的样品，首先必须将其分离，然后才能对有关组分进行进一步分析。混合物的分离是基于组分的物理化学性质的差异，GC 主要是利用物质的沸点、极性及吸附性质的差异来实现混合物的分离。

在线气相色谱仪主要由自动进样阀、色谱柱系统、检测器及恒温炉等组成。自动进样阀用于周期性向色谱柱送入定量样品；色谱柱系统将混合组分分离；检测器对分离后组分进行检测，获得相应的信号；恒温炉用于给检测器提供恒定的温度。气相色谱法测量原理见图 4-23。

检测器主要有热导检测器（TCD）、氢火焰离子化检测器（FID）、电子捕获检测器（ECD）、火焰光度检测器（FPD）、光离子化检测器（PID）及氮磷检测器（NPD）等。其中氢火焰离子化检测器是一种使用氢气为燃烧气的高灵敏度通用型检测器，以有机化合物含量和其在高压电场下经高温燃烧产生的离子流与电信号之间的比例关系为依据，对有机化合物进行定量分析。

样气分别通过总烃柱和甲烷柱后进入氢火焰离子化检测器，测得废气中总烃和甲烷的含量，两者之差即为非甲烷总烃的含量。

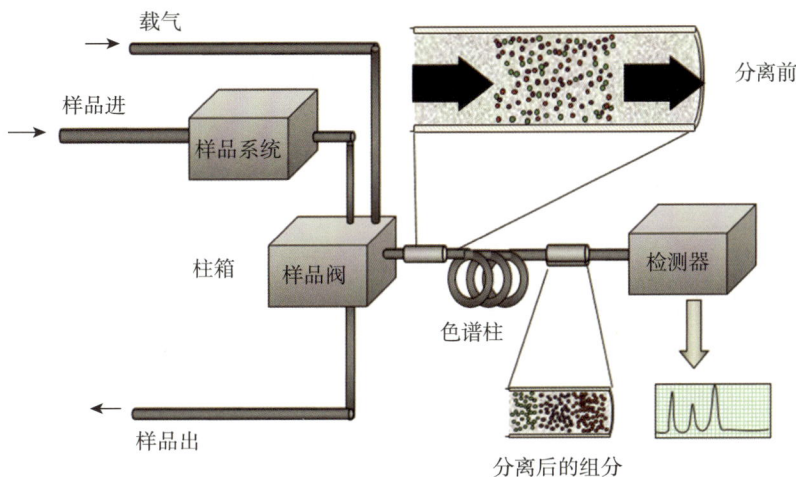

图 4-23　气相色谱法测量原理

气相色谱法的特点是检测灵敏度高、选择性强，既可以监测总烃、非甲烷总烃等总量指标，也可以搭配不同的检测器实现对多种特征 VOCs 组分的测量，适用范围广、可扩展性强。缺点是分析时间较长。

⑪催化氧化 -FID

催化氧化 -FID 是使用催化剂在高温下将非甲烷分子催化氧化为 CO_2 和 H_2O，而保留 CH_4 分子，从而测得甲烷的浓度。使用 FID 分别测定 THC 和 CH_4 的浓度，通过差值法得到非甲烷总烃浓度。

GC-FID 与催化氧化 -FID 均是利用差减法得出非甲烷总烃浓度，不同的是，色谱法是采用特定色谱柱分离出甲烷进行定量分析，催化氧化法是采用催化氧化单元将甲烷以外的其他有机化合物全部氧化为二氧化碳和水，然后定量分析甲烷。

催化氧化 -FID 分析仪主要由催化氧化单元、定量环或切换阀、氢火焰离子化检测器、电子压力控制、流量和温度控制装置等组成（图 4-24 ）。

催化氧化 -FID 法的特点是响应时间快，但其测定甲烷的原理是通过催化单元将除甲烷以外的其他有机化合物全部氧化为 CO_2 和 H_2O，所以催化氧化效率是影响测定结果准确性的重要因素，需要定期对转化效率进行验证，保证监测结果的准确性。尤其是废气成分复杂、浓度高时，催化氧化法的效率可能会受到影响。

（3）烟气参数监测子系统

烟气参数连续监测单元是 CEMS 必不可少的重要组成部分，用于污染物排放浓度状态的转换、折算以及污染物排放速率、排放量的计算。烟气参数包括烟气含氧量、烟气压力、烟气流速、烟气温度和烟气湿度。常见的烟气参数工作原理见表 4-7。

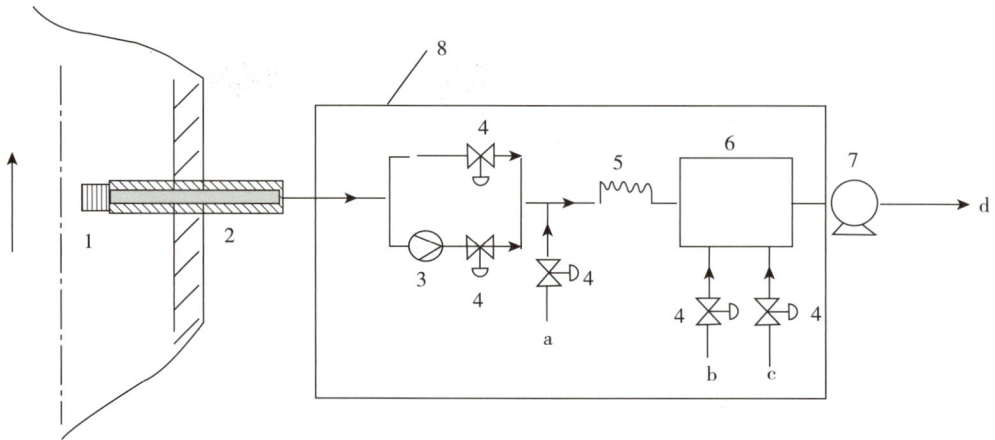

1. 滤尘头；2. 采样管；3. 催化转化单元；4. 调节阀；5. 定量环；6.FID 检测器；7. 抽气泵；8. 加热室
a. 功能测试用测试气体入口；b. 氢气；c. 助燃气；d. 排气

图 4-24　催化氧化 -FID 法分析仪结构

表 4-7　常见的烟气参数工作原理

测量参数	工作原理
含氧量	氧化锆法、电化学法、顺磁法、极限电流型氧化锆传感器
烟气流速（流量）	压差传感器法（皮托管法、"S"形皮托管法、阿牛巴皮托管法）、多点压差法、热平衡法、超声波法等
烟气压力	压力传感器
烟气温度	热电阻、热电偶
烟气湿度	干/湿氧法、极限电流法、阻容法、红外吸收法、激光法等

1）含氧量

烟气含氧量是反映燃烧效果的重要指标，因此一些重点行业的污染物排放标准均设置了"基准含氧量"作为燃烧效果控制指标。当污染源排放烟气实际含氧量高于基准含氧量时，可认为该排放源排放烟囱或烟道漏风或人为鼓风。因此废气排放浓度限值均指通过含氧量折算后的浓度。含氧量是计算污染物排放折算浓度的重要参数，同时也是生态环境执法中判断污染物排放是否超标的重要参数。常用的含氧量分析仪分析原理主要有氧化锆法、顺磁法（磁风、磁压或磁力矩法）、电化学法等。激光光谱法也可以用于特殊情况下的含氧量检测，如石油化工 FCC 的烟气中含氧量的测量。

①氧化锆

氧化锆氧分析仪分为直插式氧化锆氧分析仪和抽取式氧化锆氧分析仪。利用氧化锆材料添加一定量的稳定剂后，通过高温烧成，在一定温度下成为氧离子固体电解质。

在该材料两侧焙烧上铂电极，一侧通气样，另一侧通空气。当两侧氧分压不同时，两电极间产生浓差电动势，构成氧浓差电池。氧化锆氧分析仪测量原理见图4-25。

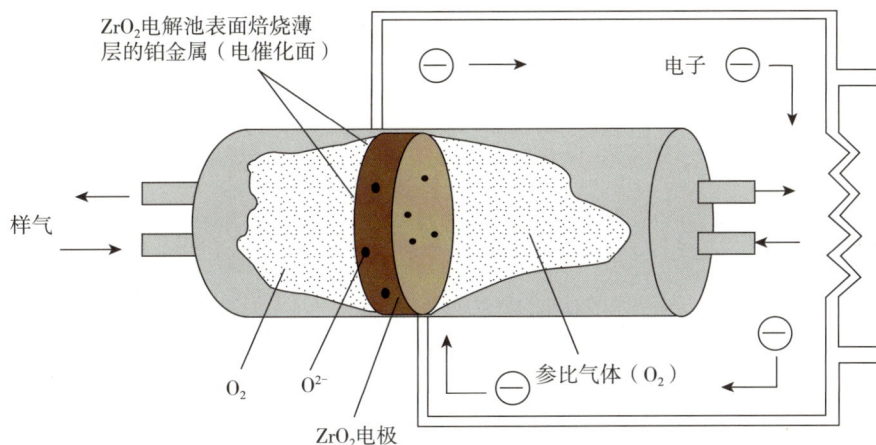

图 4-25　氧化锆氧分析仪测量原理

②燃料电池式

燃料电池是原电池的一种，原电池氧分析仪的电化学反应可以自发进行，不需要外部供电，样品气中的氧和阳极的氧化反应生成阳极的氧化物，类似于氧的燃烧反应，所以这类原电池也被称为"燃料电池"。燃料电池式氧分析仪可以测量微量氧，也可以测量常量氧。原电池电化学氧测量原理见图4-26。

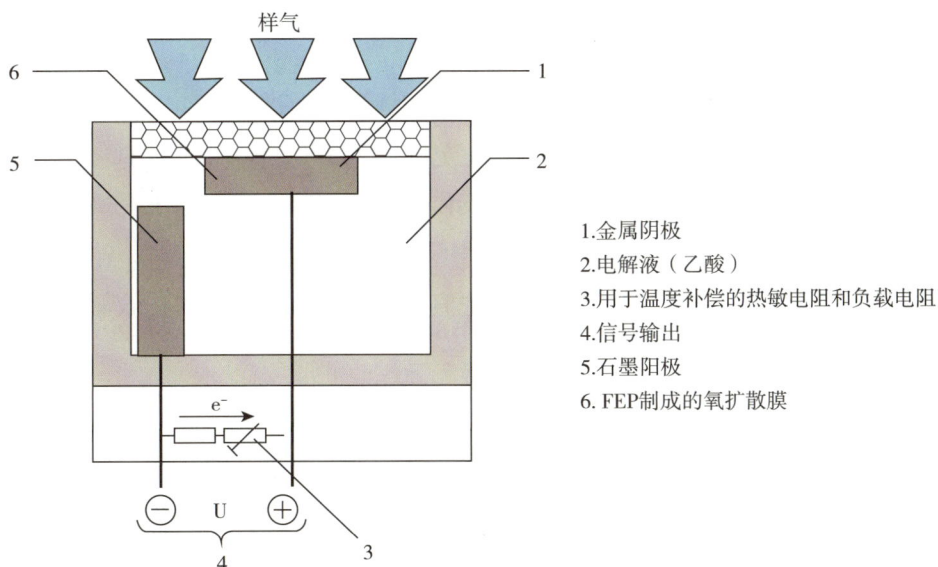

1.金属阴极
2.电解液（乙酸）
3.用于温度补偿的热敏电阻和负载电阻
4.信号输出
5.石墨阳极
6. FEP制成的氧扩散膜

图 4-26　原电池电化学氧测量原理

③顺磁式

顺磁式氧分析仪是根据氧气的体积磁化率比一般气体高得多，在磁场中具有极高顺磁特性的原理制成的一类测量气体中氧含量的仪器。顺磁性氧分析仪有三类，即磁力机械式氧分析仪、磁压力式氧分析仪、热磁对流式氧分析仪。我国 CEMS 中使用的顺磁式氧分析仪主要是磁力机械式仪器及磁压式仪器。磁力机械式氧分析仪测量原理见图 4-27。

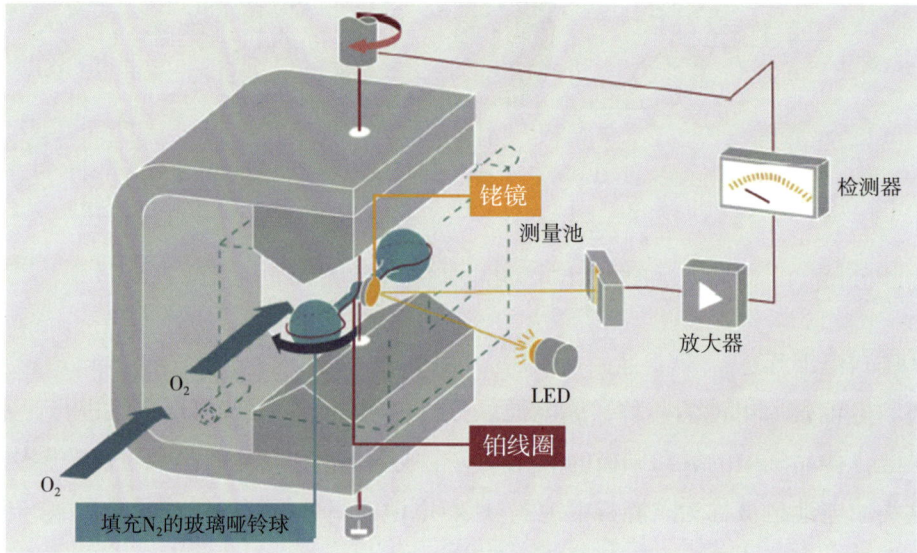

图 4-27　顺磁氧测量原理

④极限电流型氧化锆传感器

极限电流型氧化锆传感器利用陶瓷氧化锆的氧泵原理进行工作，即传感器的阴极一侧的小孔对流入气体的限制作用。在高温条件下被测气氛中的 O_2 被氧化锆传感器电极催化电离成氧离子，此时在氧化锆的阳极和阴极施加一个工作电压提供一个电场驱动氧离子从阴极通过氧化锆到阳极形成氧离子电流。在氧浓度一定时，输出电流值不再随外加电压的增加而增大，达到某一恒定值，该恒定电流值称为在该氧浓度时的界限电流值，该电流值与氧分压成比例。

2）烟气流速

烟气流速监测是烟气在线监测系统中用于计算污染物排放速率和排放总量的重要参数。流速测量方式一般包括点测量和线测量两种，无论是点测量还是线测量均必须与手工烟气流速测量得到的烟囱或烟道截面的平均流速进行比较，并通过得到的速度场系数进行校验，从而计算出准确的烟气流量，因此烟气流速的测定非常关键。目前烟气流速测量方法主要有压差传感器法（皮托管法、"S"形皮托管法、阿牛巴皮托管法）、多点压差法、热平衡法、超声波法等。

目前国内 CEMS 常用的是压差法、超声波法。压差法测量流速简单方便，市场应用范围较广，但在低流速场合测量误差较大；超声波测量法的测量精度较高，价格较贵，对于监测要求较高的 CEMS 可配套这种仪器。其中，压差法是点式测量、超声波法是线式测量。相较而言，线式测量比点式测量具有代表性，两者都要转换为对烟道断面的烟气平均流速测量与所测量的烟道横截面积相乘，并计算出实际的湿烟气流量，再根据其他参数计算出标准状态下的干烟气流量。

①皮托管法

皮托管法属于压差法中最为常见的一种方式。其中"S"形皮托管流速仪应用最为普遍，其测量原理如下："S"形皮托管由两根管组成，在测量端的两根管子头部开有大小相等、方向相反的开口，一根管的开口面向气流方向测量全压，另一根管的开口背向气流方向测量静压。采用斜管微压计或微差压变送器测量两根管的压力之差，即得到烟气动压（动压＝全压－静压），烟气动压的平方根和流速成正比。

②多点压差法

矩阵式烟气流速测量系统采用多点式压差测量方式，同一烟道截面在代表性区域布设多个探头测量烟气流量，输出流速代表断面平均流速、烟气温度和压力，可大大提高烟气流速测量的代表性和准确性，有效解决因烟囱或烟道内流场分布不均而导致监测断面流速测量不准确的难题。矩阵式多点压差流量计结构见图 4-28。

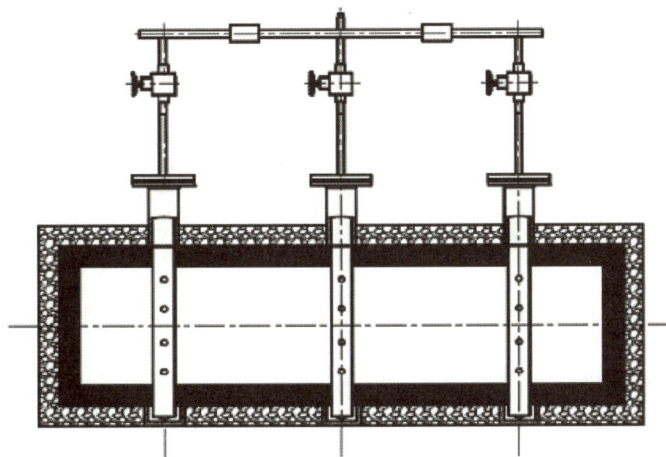

图 4-28　矩阵式多点压差流量计结构

该方法尤其适用于短烟道烟气流速测不准的实际问题，短烟道内流场分布非常复杂，且极不均匀，传统的单点流速测量方法很难反映烟道断面的平均流速。在代表性区域进行多个布点式压差监测，其测量值真正代表整个断面的流速。

③超声波法

烟气流速测量中使用的超声波流量计均采用时间差法。时差法超声波流量计的测量原理是，超声波在流体中的传播速度，顺流方向和逆流方向是不一样的，其传播的时间差与流速成正比。测得发射器和接收器在两个方向的传播时间差即可求得流速。插入式超声波流量计结构见图4-29。

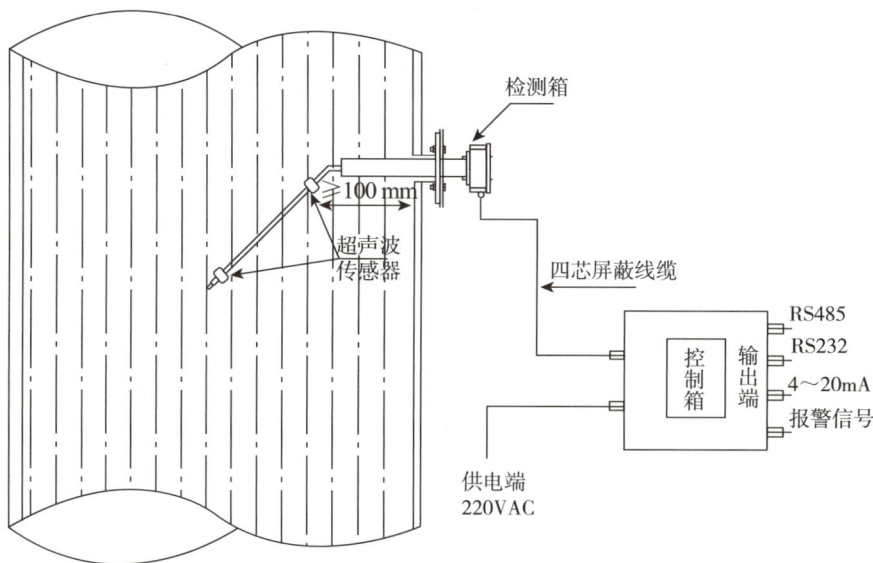

图 4-29　插入式超声波流量计结构

3）烟气压力

烟气压力包括两部分，即推动烟囱或烟道内气流前进的动压和烟气对烟道壁造成的静压。动压和静压加和等于全压。一般参与污染物浓度状态转换计算的压力参数指的是烟气的静压，静压一般用表压力或真空度表示，使用压力变送器或传感器直接测量。

4）烟气温度

烟气温度是污染物浓度状态转换计算的重要参数，其监测技术比较成熟，通常采用热电偶法或铂电阻法。

5）烟气湿度

烟气湿度一般指烟气的绝对湿度，即水分含量，用于污染物干基浓度和湿基浓度的转换计算。目前烟气湿度在线测量方法主要有阻容法、极限电流法、红外吸收法、激光法等。

①阻容法

阻容法在线烟气湿度测量仪的基本原理是水分子渗透改变电容值，温度变化改变电阻值，水分的含量与阻容值的变化频率呈函数关系。根据阻容式湿度传感器测量方式不同可分为原位式烟气湿度仪和抽取式烟气湿度仪。

②极限电流法

极限电流法测量原理是使用离子流传感器实现对湿度的测量，通过改变施加在传感器阴极和阳极上的电压等方式完成对湿度的测量。

在氧化锆的阳极和阴极施加一个工作电压提供一个电场驱动氧离子从阴极通过氧化锆到阳极形成氧离子电流。当被测气氛中的氧浓度一定时，氧化锆传感器输出的电流值不再随外加电压的增加而增加，而是达到某一恒定值，这个恒定电流值称作该氧浓度的极限电流值。根据这个工作原理，当被测气氛中含有水蒸气后，通过提高外加的工作电压，这时水蒸气在高温条件下也被电离成氧离子。同理，当被测气氛中的水蒸气浓度一定时，氧化锆传感器输出一个恒定电流值。通过测量极限电流值的改变，可得烟气中水分含量。极限电流法测量原理见图 4-30。

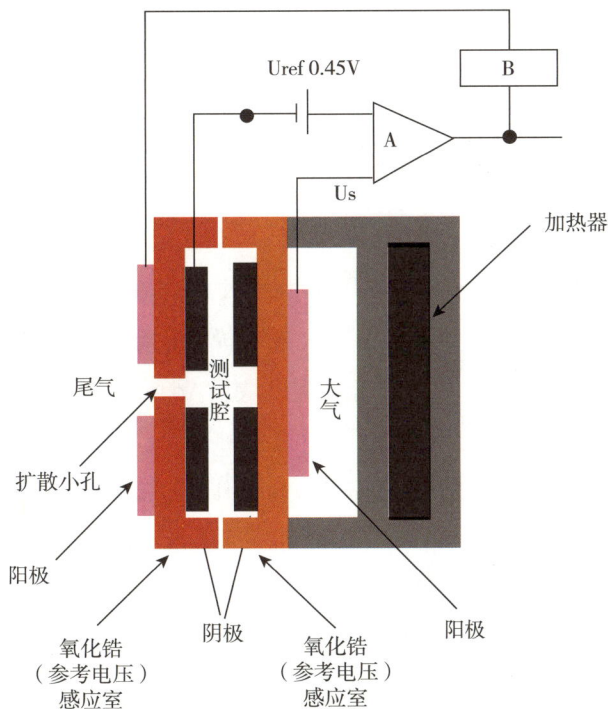

图 4-30　极限电流法测量原理

（4）数据采集与处理子系统

数据采集与处理子系统应具有数据采集、处理、存储、表格和图文显示、故障警告、安全管理和支持打印功能；系统应设置通信接口，用于数据输出和通信功能。

1）功能要求

①应显示和记录超出其零点以下和量程以上至少 10% 的数据值。当测量结果超过零点以下和量程以上 10% 时，数据记录存储其最小值或最大值。②应具备显示、设置系统时间和时间标签功能，数据为设置时段的平均值。③能够显示实时数据，具备查询历史数据的功能，并能以报表或报告形式输出。④具备数字信号输出功能。⑤具有中文数据采集、记录、处理和控制软件。⑥仪器掉电后，能自动保存数据；恢复供电后系统可自动启动，恢复运行状态并正常开始工作。

2）结构组成

数据采集及传输系统主要由数据采集模块、计算机／数据处理软件、数采仪等组成。

①数据采集模块

数据采集模块主要完成 CEMS 各监测仪测量结果的数据采集，将原始信号转换为计算机数据处理软件可以接收解析的数字信号。常见的数据采集模块有以下几种：

a. PLC

PLC 是可编程逻辑控制器。它采用一类可编程的存储器，用于其内部程序存储，执行逻辑运算、顺序控制等，并通过丰富的接口及外接模块，实现数字量／模拟量的信号采集及转换。PLC 的优点是人机界面友好、编程便利、运行稳定性强。

b. A/D 转换模块

A/D 转换模块可以接收 4～20 mA 电流信号或 0～5 V 等电压信号，并将其转换为数字量信号，以便数据处理软件接收解析。A/D 模块主要有两种类型，一种是独立于系统的模块，例如目前广泛使用的研华亚当模块（Adam），其特点是适应恶劣的工业环境、应用灵活、具备 RS-485 通信能力；另一种是带微处理器的电路板，可直接安装在 PC 机的扩展插槽或者集成到分析仪器中，相比较系统集成性更好，价格低廉。

②计算机／数据处理软件

a. 计算机

CEMS 数据采集计算机通常使用工控机。工控机是专门为工业现场而设计的计算机，而工业现场一般具有强烈的震动，灰尘特别多，另有很高的电磁场力干扰等特点，且一般工厂均是连续作业。随着计算机技术的发展，CEMS 系统中也越来越多使用普通计算机。部分 CEMS 系统也采用了工业平板电脑或一体机。但是也有部分地区不允许使用计算机或工控机。

b.数据处理软件

软件必须具备的基本功能包括：系统设置，权限管理，数据采集、显示、处理和存储，历史数据查询，数据传输，报表统计。目前 CEMS 系统软件设计主要有两种方式：一种是以组态软件为核心的技术，另一种是以专用软件为核心的技术。

③数采仪

数据采集传输仪是直接与各种自动监控（监测）设备通信，进行数据日志采集、完成数据计算存储、支持现场信息查询显示，并与上位机进行数据交换的嵌入式设备。

数据采集传输仪主要包括供电、采集、显示、传输和控制单元。

数据采集传输仪性能指标要求见表 4-8。

表 4-8　数据采集传输仪性能指标要求

项目	性能要求
通信协议	符合 HJ 212 要求
数据采集误差	≤1‰
系统时钟计时误差	±0.5‰
存储容量	至少存储 14 400 条记录
控制功能	能通过上位机控制监测仪表进行即时采样和设置采样时间
平均无故障连续运行时间（MTBF）	1 440 h 以上
绝缘阻抗	20 MΩ 以上

4.2.4　现场安装的技术要求

CEMS/NMHC-CEMS 的安装要求、位置选取以及配套规范应按照《固定污染源烟气（SO_2、NO_x、颗粒物）排放连续监测技术规范》（HJ 75）或《固定污染源废气　非甲烷总烃连续监测技术规范》（HJ 1286）执行。

（1）系统基本要求

1）采样平台的设置

采样平台的建设应符合 HJ 75 中关于平台建设的要求，合理布置采样平台。采样或监测平台长度应大于等于 2 m，宽度应大于等于 2 m 或不小于采样枪长度外延 1m，周围设置 1.2 m 以上的安全防护栏，有牢固并符合要求的安全措施，如图 4-31 所示，便于日常维护（清洁光学镜头、检查和调整光路准直、检测仪器性能和更换部件等）和比对监测。

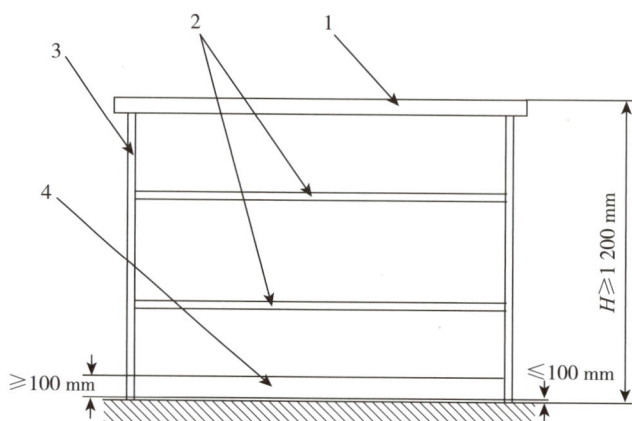

1. 扶手（顶部栏杆）；2. 中间栏杆；3. 立柱；4. 踢脚板

H. 栏杆高度

图 4-31　防护栏

采样或监测平台应易于人员和监测仪器到达，当采样平台设置在离地面高度大于等于 2 m 的位置时，应有通往平台的斜梯（或 Z 字梯、旋梯），宽度应大于等于 0.9 m；当采样平台设置在离地面高度大于等于 20 m 的位置时，应有通往平台的升降梯。

2）采样孔的设置

固定污染源废气排放连续监测系统采样孔及参比方法采样孔的开孔位置和数目均应符合 GB/T 16157 的相关要求。

当 CEMS 安装在矩形烟道时，若烟道截面的高度大于 4 m，则不宜在烟道顶层开设参比方法采样孔；若烟道截面的宽度大于 4 m，则应在烟道两侧开设参比方法采样孔，并设置多层采样平台。

在 CEMS 监测断面下游应预留参比方法采样孔，采样孔位置和数目按照 GB/T 16157 的要求确定。现有污染源参比方法采样孔内径应大于等于 80 mm，新建或改建污染源参比方法采样孔内径应大于等于 90 mm。在互不影响测量的前提下，参比方法采样孔应尽可能靠近 CEMS 监测断面。当烟道为正压烟道或有毒气时，应采用带闸板阀的密封采样孔。采样平台与采样孔设置见图 4-32。

3）监测站房配置要求

监测站房的建筑设计应满足在线监测监控功能需求且专室专用，建设在远离腐蚀性气体的地点，并满足所处位置的气候、生态、地质、安全等要求。

监测站房与采样点之间距离应尽可能近，原则上不超过 70 m，同时开展全流程校准工作的响应时间可以完全达标。

监测站房的基础荷载强度应大于等于 2 000 kg/m²。若站房内仅放置单台机柜，面积应大于等于 2.5 m² × 2.5 m²。若同一站房放置多套分析仪表的，每增加一台机柜，站房面积应至少增加 3 m²，便于开展运维操作。站房空间高度应大于等于 2.8 m，站房建在标高大于等于 0 m 处。

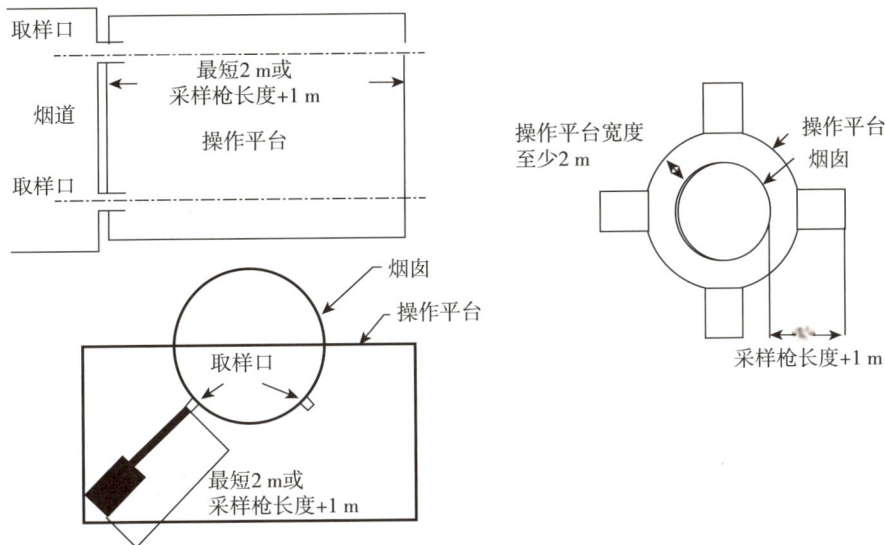

图 4-32　采样平台与采样孔设置

监测站房内应安装空调和采暖设备，室内温度应保持在 15～30℃，相对湿度应小于等于 60%，空调应具有来电自动重启功能，站房内应安装排风扇或其他通风设施。

监测站房内配电功率能够满足仪表实际要求，功率不少于 8 kW，至少预留三孔插座 5 个、稳压电源 1 个、UPS 电源 1 个。

监测站房内应配备不同浓度的有证标准气体，且在有效期内。标准气体应当包含零气和 CEMS 测量的各种气体的量程标气，以满足日常零点、量程校准、校验的需要。低浓度标准气体可由高浓度标准气体通过经校准合格的等比例稀释设备获得（精密度≤1%），也可单独配备。等比例稀释设备需经过计量检定部门的检定或校准，符合相关技术要求，检定或校准证书在有效日期内。

监测站房应有必要的防水、防潮、隔热、保温措施，在特定场合还应具备防爆功能。若站房设在防爆区域内应按照 GB 3836.1 的相关规定配备防爆等安全设施。

监测站房应具有能够满足 CEMS 数据传输要求的通信条件。

4）安装及施工要求

颗粒物监测设备、气态污染物监测设备、流速监测设备、废气温度、压力、湿度计、氧含量探头的安装、其他附属设备的安装及施工应符合 HJ 75 等标准规范要求。

监测站房与采样点之间距离应尽可能近，原则上采样管线长度不超过 70 m，同时开展全流程校准工作的响应时间可以完全达标。

从探头到分析仪的整条采样管线的铺设应采用桥架或穿管等方式，保证整条管线具有良好的支撑。不能自下而上采样，管线倾斜度≥5°，防止管线内积水，在每隔4～5 m 处装线卡箍。

电缆桥架安装应满足最大直径电缆的最小弯曲半径要求。电缆桥架的连接应采用连接片。配电套管应采用钢管和 PVC 管材质配线管，其弯曲半径应满足最小弯曲半径要求。

应将动力与信号电缆分开敷设，保证电缆通路及电缆保护管的密封，自控电缆应符合输入和输出分开、数字信号和模拟信号分开的配线和敷设的要求。

系统仪器设备的工作电源应有良好的接地措施，接地电缆应采用大于 4 mm^2 的独芯护套电缆，接地电阻小于 4Ω，且不能和避雷接地线共用。

如在防爆区应根据相关的防爆要求，按照 GB 3836.1 的相关规定配备防爆等安全设施，应避开腐蚀性气体、较强电磁干扰的电器设备和振动。

（2）固定污染源烟气 CEMS 技术性能要求

1）CEMS 技术指标要求见表 4-9。

表 4-9　CEMS 技术指标要求

检测项目		技术要求
气态污染物 CEMS	二氧化硫	示值误差	当满量程≥100 μmol/mol（286 mg/m³）时，示值误差不超过 ±5%（相对于标准气体标称值）；当满量程<100 μmol/mol（286 mg/m³）时，示值误差不超过 ±2.5%（相对于仪表满量程值）
		系统响应时间	≤200s
		零点漂移、量程漂移	不超过 ±2.5%
		准确度	排放浓度≥250 μmol/mol（715 mg/m³）时，相对准确度≤15%
			50 μmol/mol（143 mg/m³）≤排放浓度<250 μmol/mol（715 mg/m³）时，绝对误差不超过 ±20 μmol/mol（57 mg/m³）
			20 μmol/mol（57 mg/m³）≤排放浓度<50 μmol/mol（143 mg/m³）时，相对误差不超过 ±30%
			排放浓度<20 μmol/mol（57 mg/m³）时，绝对误差不超过 ±6 μmol/mol（17 mg/m³）

续表

检测项目			技术要求
气态污染物 CEMS	氮氧化物	示值误差	当满量程≥200 μmol/mol（410 mg/m³）时，示值误差不超过 ±5%（相对于标准气体标称值）；当满量程<200 μmol/mol（410 mg/m³）时，示值误差不超过 ±2.5%（相对于仪表满量程值）
		系统响应时间	≤200 s
		零点漂移、量程漂移	不超过 ±2.5%
		准确度	排放浓度≥250 μmol/mol（513 mg/m³）时，相对准确度≤15%
			50 μmol/mol（143 mg/m³）≤排放浓度<250 μmol/mol（715 mg/m³）时，绝对误差不超过 ±20 μmol/mol（41 mg/m³）
			20 μmol/mol（41 mg/m³）≤排放浓度<50 μmol/mol（103 mg/m³）时，相对误差不超过 ±30%
			排放浓度<20 μmol/mol（41 mg/m³）时，绝对误差不超过 ±6 μmol/mol（12 mg/m³）
	其他气态污染物	准确度	相对准确度≤15%
氧气 CMS	O_2	示值误差	不超过 ±5%（相对于标准气体标称值）
		系统响应时间	≤200 s
		零点漂移、量程漂移	不超过 ±2.5%
		准确度	>5.0% 时，相对准确度≤15%
			≤5.0% 时，绝对误差不超过 ±1.0%
颗粒物 CEMS	颗粒物	零点漂移、量程漂移	±2.0%F.S.
		相关系数	当参比方法测定颗粒物平均浓度>50 mg/m³ 时，≥0.85
			当参比方法测定颗粒物平均浓度≤50 mg/m³ 时，≥0.70
		置信区间半宽	≤10%（该排放源检测期间参比方法实测状态均值）
		允许区间半宽	≤25%（该排放源检测期间参比方法实测状态均值）

续表

检测项目		技术要求	
流速 CMS	流速	精密度	≤5%
		相关系数 [a]	≥9 个数据时，相关系数≥0.90
		准确度	流速＞10 m/s，相对误差不超过 ±10%
			流速≤10 m/s，相对误差不超过 ±12%
温度 CMS	温度	绝对误差	不超过 ±3℃
湿度 CMS	湿度	准确度	烟气湿度＞5.0% 时，相对误差不超过 ±25%
			烟气湿度≤5.0% 时，绝对误差不超过 ±1.5%

注：氮氧化物以 NO_2 计。

[a] 当精密度不满足本标准要求，进行相关系数校准时应满足本条要求。

2）NMHC-CEMS 技术指标要求见表 4-10。

表 4-10　NMHC-CEMS 技术指标要求

检测项目		技术要求	
NMHC-CEMS	非甲烷总烃	示值误差	当量程＞100 mg/m³ 时，示值误差应在标准气体标称值的 ±5% 以内；当量程≤100 mg/m³ 时，示值误差应在 F.S. 的 ±2.5% 以内
		分析周期	≤3 min
		系统响应时间	≤300 s
		24 h 零点漂移	应在 ±3%F.S. 以内
		24 h 量程漂移	应在 ±3%F.S. 以内
		正确度	当参比方法测量非甲烷总烃浓度（以碳计）的平均值：1.＜50 mg/m³ 时，绝对误差的平均值应在 ±20 mg/m³ 以内[a]；2. 50～500 mg/m³ 时，相对误差的 95% 置信上限≤40%；3. ≥500 mg/m³ 时，相对误差的 95% 置信上限≤35%
氧气 CMS	O_2	示值误差	按照 HJ 75 中指标要求执行
		系统响应时间	
		24 h 漂移	
		准确度	
流速 CMS	流速	准确度	按照 HJ 75 中指标要求执行

检测项目			技术要求
温度 CMS	温度	准确度	按照 HJ 75 中指标要求执行
湿度 CMS	湿度	准确度	按照 HJ 75 中指标要求执行

注：表中"正确度""相对误差的 95% 置信上限"在 HJ 75 和 HJ 1013 中称作"准确度""相对准确度"。

a 当参比方法测量浓度平均值且排放限值均小于 50 mg/m³ 时，绝对误差平均值应在 ±10 mg/m³ 以内。

（3）固定污染源烟气 CEMS 安装位置要求

1）总体要求

测量点位的选择应符合 HJ 75 的要求。应准确可靠地安装在固定污染源烟气排放状况有代表性的位置上，位于固定污染源排放控制设备的下游和比对监测断面上游，尽可能选择在气流稳定的直管段，避开烟道弯头和断面急剧变化的部位，不受环境光线和电磁辐射的影响，烟道振动幅度尽可能小，避开烟气中水滴和水雾的干扰，以保证采样断面烟气、颗粒物和流速分布相对均匀，监测断面无紊流。

2）颗粒物、流速和气态污染物监测点位的设置

应优先选择在垂直管段和烟道负压区域，确保所采集样品的代表性。对于圆形烟道，颗粒物 CEMS 和流速 CMS，应设置在距弯头、阀门、变径管下游方向大于等于 4 倍烟道直径，以及距上述部件上游方向大于等于 2 倍烟道直径处；气态污染物 CEMS，应设置在距弯头、阀门、变径管下游方向大于等于 2 倍烟道直径，以及距上述部件上游方向大于等于 0.5 倍烟道直径处。对于矩形烟道，应以当量直径计，当量直径 $D=2AB/(A+B)$，式中 A、B 为边长。

当无法找到满足上述要求的采样位置时，应参照 HJ 75 的要求。

为了便于颗粒物和流速参比方法的校验和比对监测，CEMS 不宜安装在烟道内烟气流速小于 5m/s 的位置。

若一个固定污染源排气先通过多个烟道或管道后进入该固定污染源的总排气管时，应尽可能将 CEMS 安装在总排气管上，但要便于用参比方法校验 CEMS；不得只在其中的一个烟道或管道上安装 CEMS，并将测定值作为该源的排放结果；但允许在每个烟道或管道上安装 CEMS。

固定污染源烟气净化设备设置有旁路烟道时，应在旁路烟道内安装 CEMS 或烟温、流量 CMS。其安装、运行、维护、数据采集、记录和上传应符合 HJ 75 要求。

5 污染源自动监控的技术验收

5.1 水污染源在线监测系统的技术验收

5.1.1 总体原则

①确保系统的设备符合国家有关标准和企业的实际需求。

②确保系统的安装和调试符合设计要求和运行稳定。

③确保系统的监测结果准确可靠，满足环境监测的精度和可靠性要求。

④确保系统的运行维护和安全管理得到有效保障。

在具体验收过程中，需要提供相关的技术资料，如选型、工程设计、施工、安装调试及性能等，并经过生态环境主管部门的联网证明。同时，需要保证水质自动采样单元稳定运行 1 个月，可采集瞬时水样和具有代表性的混合水样供在线监测仪器分析使用，并具备留样和报警功能。数据控制单元也需要稳定运行 1 个月，能够及时向监控中心平台发送数据，其间设备运转率和数据传输率均应大于 90%。在验收内容方面，需要进行建设验收、仪器设备验收、联网验收及运行与维护方案验收。此外，固定污染源烟气排放连续监测系统也需要符合相关的验收要求。

5.1.2 技术验收条件

（1）验收条件

提供水污染源在线监测系统的选型、工程设计、施工、安装调试及性能等相关技术资料。

水污染源在线监测系统已依据 HJ 353—2019 完成安装、调试与试运行，各指标符合 HJ 353—2019 表 1 的要求，并提交运行调试报告与试运行报告。

提供流量计、标准计量堰（槽）的检定证书，水污染源在线监测仪器符合 HJ 353—2019 表 1 中技术要求的证明材料。

污染源在线监测系统所采用的基础通信网络和基础通信协议应符合 HJ 212 的相关要求，对通信规范的各项内容做出响应，并提供相关的自检报告。同时提供生态环境主管部门出具的联网证明。

水质自动采样单元已稳定运行 1 个月，可采集瞬时水样和具有代表性的混合水样供水污染源在线监测仪器分析使用，可进行留样并报警。

验收过程供电不间断。数据控制单元已稳定运行 1 个月，向监控中心平台及时发送数据，其间设备运转率应大于 90%，数据传输率应大于 90%。

（2）验收内容

水污染源在线监测系统在完成安装、调试及试运行，并与生态环境主管部门联网后，应进行建设验收、仪器设备验收、联网验收及运行与维护方案验收。

5.1.3　监测站房的验收

监测站房专室专用。

监测站房密闭，安装有冷暖空调和排风扇，空调具有来电自启动功能。

新建监测站房面积应不小于 15 m²，站房高度不低于 2.8 m，各仪器设备安放合理，可方便进行维护维修。

监测站房与采样点的距离不大于 50 m。

监测站房的基础荷载强度、面积、空间高度、地面标高均符合要求。

监测站房内有安全合格的配电设备，提供的电力负荷不小于 5 kW，配置有稳压电源。

监测站房电源引入线使用照明电源；电源进线有浪涌保护器；电源应有明显标志；接地线牢固并有明显标志。

监测站房电源设有总开关，每台仪器设有独立控制开关。

监测站房内有合格的给、排水设施，能使用自来水清洗仪器及有关装置。

监测站房有完善规范的接地装置和避雷措施、防盗、防止人为破坏以及消防设施。

监测站房不位于通信盲区，应能够实现数据传输。

监测站房内、采样口等区域应有视频监控，视频保存周期至少 3 个月。

5.1.4　水污染源在线监测仪器的验收

包括 COD_{Cr} 在线自动监测仪、TOC 水质自动分析仪、紫外吸收水质自动在线监测仪、氨氮水质自动分析仪、总氮水质自动分析仪、总磷水质自动分析仪、pH 水质自动分析仪等水污染源在线监测仪器验收要求。

（1）基本验收要求

水污染源在线监测仪器的各种电缆和管路应加保护管地下铺设或空中架设，空中架设的电缆应附着在牢固的桥架上，并在电缆、管路以及电缆和管路的两端设置明显标识。电缆线路的施工应满足 GB/T 50168 的相关要求。

必要时（如南方的雷电多发区），仪器设备和电源设有防雷设施。

各仪器设备采用落地或壁挂式安装，有必要的防震措施，保证设备安装牢固稳定。

仪器周围留有足够空间，方便仪器维护。

此处未提及的要求参照仪器相应说明书相关内容，应满足 GB/T 50093 的相关要求。

（2）功能验收要求

具有时间设定、校对、显示功能。

具有自动零点校准（正）功能和量程校准（正）功能，且有校准记录。校准记录中应包括校准时间、校准浓度、校准前后的主要参数等。

应具有测试数据显示、存储和输出功能。

应能够设置三级系统登录密码及相应的操作权限。

意外断电且再度上电时，应能自动排出系统内残存的试样、试剂等，并自动清洗，自动复位到重新开始测定的状态。

应具有故障报警、显示和诊断功能，并具有自动保护功能，而且能够将故障报警信号输出到远程控制网。

应具有限值报警和报警信号输出功能。

应具有接收远程控制网的外部触发命令、启动分析等操作的功能。

（3）性能验收方法

① 24 h 漂移

COD_{Cr} 水质自动分析仪、TOC 水质自动分析仪、NH_3-N 水质自动分析仪、TP 水质自动分析仪、TN 水质自动分析仪参照此方法测定 24 h 漂移。

采用浓度值为工作量程上限值80%的标准溶液为考核溶液，水质自动分析仪以离线模式，以 1 h 为周期，连续测定 24 h。取前 3 次测定值的算术平均值为初始测定值 x_0，按照式（5-1）计算后续测定值 x_i 与初始测定值 x_0 的变化幅度相对于现场工作量程上限值的百分比 RD，取绝对值最大 RD_{max} 为 24 h 漂移。

$$RD = \frac{x_i - x_0}{A} \times 100\% \qquad (5-1)$$

式中：RD——漂移，%；

x_i——第 i（$i \geq 3$）次测定值，mg/L；

x_0——前 3 次测量值的算术平均值，mg/L；

A——现场工作量程上限值，mg/L。

pH 水质自动分析仪的电极浸入 pH 为 6.865（25℃）的标准溶液，读取 5 min 后的测量值为初始值 x_0，连续测定 24 h，每隔 1 h 记录 1 个测定瞬时值 x_i，按照式（5-2）计算后续测定值 x_i 与初始测定值 x_0 的误差 D，取绝对值最大 D_{max} 为 24 h 漂移。

$$D=x_i-x_0 \tag{5-2}$$

式中：D——漂移；

$\quad\quad x_i$——第 i 次测定值；

$\quad\quad x_0$——初始值。

②准确度

采用有证标准样品作为准确度试验考核样品，分别用两种浓度的有证标准样品进行考核，一种为接近实际废水排放浓度的样品，另一种为接近相应排放标准浓度 2~3 倍的样品，水质自动分析仪（pH 水质自动分析仪除外）以离线模式，以 1 h 为周期，每种有证标准样品平行测定 3 次。

按照式（5-3）计算 3 次仪器测定值的算术平均值与有证标准样品标准值的相对误差。两种浓度标准样品测试结果均应满足要求。

$$\Delta A = \frac{\overline{x} - B}{B} \times 100\% \tag{5-3}$$

式中：ΔA——相对误差，mg/L；

$\quad\quad B$——标准样品标准值，mg/L；

$\quad\quad \overline{x}$——3 次仪器测量值的算术平均值，mg/L。

pH 水质自动分析仪的电极浸入 pH 为 4.008（25℃）的有证标准样品，连续测定 6 次，按照式（5-4）计算 6 次测定值的算术平均值与标准值的误差。

$$A = \overline{x} - B \tag{5-4}$$

式中：A——误差；

$\quad\quad B$——标准溶液标准值；

$\quad\quad \overline{x}$——6 次仪器测量值的算术平均值。

③实际水样比对

水质自动分析仪器以在线模式，以 1 h 为周期，测定实际废水样品 3 个，每个水样平行测定 2 次（pH 水质自动分析仪测定 6 次），实验室按照国家环境监测分析方法标准对相同的水样进行分析，按照式（5-5）、式（5-6）计算每个水样仪器测定值的算术平均值与实验室测定值的绝对误差或相对误差，每种水样的比对结果均应满足要求。

其中，COD_{Cr}、NH_3-N、TP、TN 水质自动分析仪测定水质自动采样器采集的混合水样，pH 水质自动分析仪测定瞬时水样。实际水样测定项目和分析方法见表 5-1。

$$C=x-B_n \qquad (5\text{-}5)$$

$$\Delta C = \frac{x-B_n}{B_n} \times 100\% \qquad (5\text{-}6)$$

式中：C——实际水样比对测试绝对误差，mg/L；

ΔC——实际水样比对测试相对误差，%；

x——水样仪器测定值的算术平均值，mg/L；

B_n——实验室标准方法的测定值，mg/L。

表 5-1　实际水样国家环境监测分析方法

项目	分析方法	标准号
COD_{Cr}	水质　化学需氧量的测定　重铬酸盐法	HJ 828
	高氯废水化学需氧量的测定　氯气校正法	HJ/T 70
NH_3-N	水质　氨氮的测定　纳氏试剂分光光度法	HJ 535
	水质　氨氮的测定　水杨酸分光光度法	HJ 536
TP	水质　总磷的测定　钼酸铵分光光度法	GB/T 11893
TN	水质　总氮的测定　碱性过硫酸钾消解紫外分光光度法	HJ 636
pH	水质　pH 值的测定　玻璃电极法	GB/T 6920

（4）性能验收内容及指标（表 5-2）

表 5-2　水污染源在线监测仪器验收项目及指标

仪器类型	验收项目		指标限值
超声波明渠流量计	液位比对误差		12 mm
	流量比对误差		±10%
水质自动采样器	采样量误差		±10%
	温度控制误差		±2℃
COD_{Cr} 水质自动分析仪 / TOC 水质自动分析仪	24 h 漂移（80% 工作量程上限值）		±10%F.S.
	准确度	有证标准溶液浓度<30 mg/L	±5 mg/L
		有证标准溶液浓度≥30 mg/L	±10%

仪器类型	验收项目		指标限值
COD$_{Cr}$ 水质自动分析仪 / TOC 水质自动分析仪	实际水样比对	实际水样 COD$_{Cr}$＜30 mg/L（用浓度为 20～25 mg/L 的有证标准样品替代实际水样进行测试）	±5 mg/L
		30 mg/L≤实际水样 COD$_{Cr}$＜60 mg/L	±30%
		60 mg/L≤实际水样 COD$_{Cr}$＜100 mg/L	±20%
		实际水样 COD$_{Cr}$≥100 mg/L	±15%
NH$_3$-N 水质自动分析仪	24 h 漂移（80% 工作量程上限值）		±10% F.S.
	准确度	有证标准溶液浓度＜2 mg/L	±0.3 mg/L
		有证标准溶液浓度≥2 mg/L	±10%
	实际水样比对	实际水样氨氮＜2 mg/L（用浓度为 1.5 mg/L 的有证标准样品替代实际水样进行测试）	±0.3 mg/L
		实际水样氨氮≥2 mg/L	±15%
TP 水质自动分析仪	24 h 漂移（80% 工作量程上限值）		±10%F.S.
	准确度	有证标准溶液浓度＜0.4 mg/L	±0.06 mg/L
		有证标准溶液浓度≥0.4 mg/L	±10%
	实际水样比对	实际水样总磷＜0.4 mg/L（用浓度为 0.3 mg/L 的有证标准样品替代实际水样进行测试）	±0.06 mg/L
		实际水样总磷≥0.4 mg/L	±15%
TN 水质自动分析仪	24 h 漂移（80% 工作量程上限值）		±10%F.S.
	准确度	有证标准溶液浓度＜2 mg/L	±0.3 mg/L
		有证标准溶液浓度≥2 mg/L	±10%
	实际水样比对	实际水样总氮＜2 mg/L（用浓度为 1.5 mg/L 的有证标准样品替代实际水样进行测试）	±0.3 mg/L
		实际水样总氮≥2mg/L	±15%
pH 水质自动分析仪	24 h 漂移		±0.5
	准确度		±0.5
	实际水样比对		±0.5

（5）超声波明渠污水流量计

①液位比对误差

用便携式明渠流量计比对装置（液位测量精度≤0.1 mm）和超声波明渠流量计测量同一水位观测断面处的液位值，进行比对试验，每 2 min 记录 1 次数据对，连续记录 6 次，按照式（5-7）计算每一组数据对的误差值 H_i，选取最大的 H_i 作为流量计的液位比对误差。

$$H_i = \left| H_{1i} - H_{2i} \right| \tag{5-7}$$

式中：H_i——液位比对误差，mm；

　　　H_{1i}——第 i 次便携式明渠流量计比对装置测量液位值，mm；

　　　H_{2i}——第 i 次超声波明渠流量计测量液位值，mm；

　　　i——1，2，3，4，5，6。

②流量比对误差

用便携式明渠流量计比对装置和超声波明渠流量计测量同一水位观测断面处的瞬时流量，进行比对试验，待数据稳定后，开始计时，计时 10 min，分别读取明渠流量比对装置该时段内的累积流量 F_1 和超声波明渠流量计该时段内的累积流量 F_2，按式（5-8）计算流量比对误差 ΔF。

$$\Delta F = \frac{F_1 - F_2}{F_1} \times 100\% \tag{5-8}$$

式中：ΔF——流量比对误差，%；

　　　F_1——明渠流量比对装置累计流量，m^3；

　　　F_2——超声波明渠流量计累计流量，m^3。

（6）水质自动采样器

实现采集瞬时水样和混合水样、混匀及暂存水样、自动润洗及排空混匀桶的功能。

实现混合水样和瞬时水样的留样功能。

实现 pH 水质自动分析仪、温度计原位测量或测量瞬时水样功能。

实现 COD_{Cr}、TOC、NH_3-N、TP、TN 水质自动分析仪测量混合水样功能。

需具备必要的防冻或防腐设施。

设置有混合水样的人工比对采样口。

水质自动采样单元的管路为明管，并标注有水流方向。

管材应采用优质的聚氯乙烯（PVC）、三丙聚丙烯（PPR）等不影响分析结果的硬管。

采样口设在流量监测系统标准化计量堰（槽）取水口头部的流路中央，采水口朝向与水流的方向一致；测量合流排水时，应在合流后充分混合的场所采水。

采样泵选择合理，安装位置便于泵的维护。

（7）数据采集传输仪

数据控制单元可协调统一运行水污染源在线监测系统，采集、储存、显示监测数据及运行日志，向监控中心平台上传污染源监测数据。

可接收监控中心平台命令，实现对水污染源在线监测系统的控制。如触发水质自动采样单元采样，水污染源在线监测仪器进行测量、标液核查、校准等操作。

可读取并显示各水污染源在线监测仪器的实时测量数据。

可查询并显示：pH 的小时变化范围、日变化范围，流量的小时累积流量、日累积流量，温度的小时均值、日均值，COD_{Cr}、NH_3-N、TP、TN 的小时值、日均值，并通过数据采集传输仪上传至监控中心平台。

上传的污染源监测数据带有时间和数据状态标识，符合 HJ 355—2019 的条款 6.2。

可生成、显示各水污染源在线监测仪器监测数据的日统计表、月统计表、年统计表。

5.1.5　联网验收

（1）通信稳定性

数据控制单元和监控中心平台之间通信稳定，不应出现经常性的通信连接中断、数据丢失、数据不完整等通信问题。

数据控制单元在线率为 90% 以上，正常情况下，掉线后应在 5 min 内重新上线。数据采集传输仪每日掉线次数在 5 次以内。数据传输稳定性在 99% 以上，当出现数据错误或丢失时，启动纠错逻辑，要求数据采集传输仪重新发送数据。

（2）数据传输安全性

为了保证监测数据在公共数据网上传输的安全性，所采用的数据采集传输仪，在需要时可按照 HJ 212 中规定的加密方法进行加密处理传输，保证数据传输的安全性。一端请求连接另一端应进行身份验证。

（3）通信协议正确性

采用的通信协议应完全符合 HJ 212 的相关要求。

（4）数据传输正确性

系统稳定运行 1 个月后，任取其中不少于连续 7 d 的数据进行检查，要求监控中心平台接收的数据和数据控制单元采集和存储的数据完全一致；同时检查水污染源在线连续自动分析仪器存储的测定值、数据控制单元所采集并存储的数据和监控中心平台接收的数据，这 3 个环节的实时数据误差小于 1%。

（5）联网稳定性

在连续 1 个月内，系统能稳定运行，不出现除通信稳定性、通信协议正确性、数据传输正确性以外的其他联网问题。

（6）现场故障模拟恢复试验要求

在水污染源在线连续自动监测系统现场验收过程中，人为模拟现场断电、断水和断气等故障，在恢复供电等外部条件后，水污染源在线连续自动监测系统应能正常恢复自启动和远程控制启动。在数据控制单元中保存故障前完整分析的分析结果，并在故障过程中不被丢失。数据控制系统完整记录所有故障信息。

（7）测量频次和测量结果报表

能够按照规定要求自动生成日统计表、月统计表和年统计表。

5.2 烟气连续排放自动监测系统技术验收

5.2.1 总体原则

CEMS 在完成安装、调试检测并和主管部门联网后，应进行技术验收，包括 CEMS 技术指标验收和联网验收。

5.2.2 技术验收条件

CEMS 在完成安装、调试检测并符合下列要求后，可组织实施技术验收工作。

① CEMS 的安装位置及手工采样位置应符合 HJ 75 第 7 章的要求。

②数据采集和传输以及通信协议均应符合 HJ/T 212 的要求，并提供 1 个月内数据采集和传输自检报告，报告应对数据传输标准的各项内容作出响应。

③根据 HJ 75 第 8 章的要求进行了 72 h 的调试检测，并提供调试检测合格报告及调试检测结果数据。

④调试检测后至少稳定运行 7 d。

5.2.3 技术验收内容和方法

CEMS 技术指标验收包括颗粒物 CEMS、气态污染物 CEMS、烟气参数 CMS 技术指标验收。

验收时间由排污单位与验收单位协商决定。

现场验收期间，生产设备应正常且稳定运行，可通过调节固定污染源烟气净化设备达到某一排放状况，该状况在测试期间应保持稳定。

日常运行中更换 CEMS 分析仪表、核心测量器件或变动 CEMS 取样点位时，应分别满足 HJ 75 中 7.1、7.2 的要求，并进行再次验收。

现场验收时必须采用有证标准物质或标准样品，较低浓度的标准气体可以使用高浓度的标准气体采用等比例稀释方法获得，等比例稀释装置的精密度在 1% 以内。标准气体要求贮存在铝瓶或不锈钢瓶中，不确定度不超过 ±2%。

对于光学法颗粒物 CEMS，校准时须对实际测量光路进行全光路校准，确保发射光先经过出射镜片，再经过实际测量光路，到校准镜片后，再经过入射镜片到达接收单元，不得只对激光发射器和接收器进行校准。对于抽取式气态污染物 CEMS，当对全系统进行零点校准和量程校准、示值误差和系统响应时间的检测时，零气和标准气体应通过预设管线输送至采样探头处，经由样品传输管线回到站房，经过全套预处理设施后进入气体分析仪。

验收前检查直接抽取式气态污染物采样伴热管的设置，应符合 HJ 75 中 7.2.7 的规定。冷干法 CEMS 冷凝器的设置和实际控制温度应保持在 2～6℃。

5.2.4　颗粒物 CEMS 技术指标验收

颗粒物 CEMS 技术指标验收包括颗粒物的零点漂移、量程漂移和准确度验收。

5.2.4.1　颗粒物 CEMS 零点漂移、量程漂移

在验收开始时，人工或自动校准仪器零点和量程，测定和记录初始的零点、量程读数，待颗粒物 CEMS 准确度验收结束，且至少距离初始零点、量程测定 6 h 后再次测定（人工或自动）和记录一次零点、量程读数，随后校准零点和量程。

5.2.4.2　颗粒物 CEMS 准确度

采用参比方法与 CEMS 同步测量测试断面烟气中颗粒物平均浓度，至少获取 5 对同时间区间且相同状态的测量结果。

绝对误差：
$$\overline{d_i} = \frac{1}{n}\sum_{i=1}^{n}\left(C_{\mathrm{CEMS}} - C_i\right) \qquad (5\text{-}9)$$

相对误差：
$$R_{\mathrm{e}} = \frac{\overline{d_i}}{C_i} \times 100\% \qquad (5\text{-}10)$$

式中：$\overline{d_i}$——绝对误差，mg/m³；

      n——测定次数（≥5）；

  C_{CEMS}——CEMS 与参比方法同时段测定的浓度，mg/m³；

    C_i——参比方法测定的第 i 个浓度，mg/m³；

    R_e——流速相对误差，%。

5.2.5 气态污染物 CEMS 和氧气 CMS 技术指标验收

（1）气态污染物验收内容

气态污染物 CEMS 和氧气 CMS 技术指标验收包括零点漂移、量程漂移、示值误差、系统响应时间和准确度验收。现场验收时，先做示值误差和系统响应时间的验收测试，不符合技术要求的，可不再继续开展其余项目验收。需要注意的是，通入零气和标气时，均应通过 CEMS 系统，不得直接通入气体分析仪。

1）气态污染物 CEMS 和氧气 CMS 示值误差、系统响应时间

①示值误差

通入零气（经过滤的不含颗粒物、待测气体的清洁干空气或高纯氮气），调节仪器零点。

通入高浓度（80%～100% 的满量程值）标准气体，调整仪器显示浓度值与标准气体浓度值一致。

仪器经上述校准后，按照零气、高浓度标准气体（80%～100% 的满量程值）、零气、中浓度（50%～60% 的满量程值）标准气体、零气、低浓度（20%～30% 的满量程值）标准气体的顺序通入标准气体。若低浓度标准气体浓度高于排放限值，则还需通入浓度低于排放限值的标准气体，完成超低排放改造后的火电污染源还应通入浓度低于超低排放水平的标准气体。待显示浓度值稳定后读取测定结果。重复测定 3 次，取平均值。按 HJ 75 附录 A 中的式（A19）和式（A20）计算示值误差。

②系统响应时间

待测 CEMS 运行稳定后，按照系统设定采样流量通入零点气体，待读数稳定后按照相同流量通入量程校准气体，同时用秒表开始计时；

观察分析仪示值，至读数开始跃变时止，记录并计算样气管路传输时间 T_1；

继续观察并记录待测分析仪器显示值上升至标准气体浓度标称值 90% 时的仪表响应时间 T_2；

系统响应时间为 T_1 和 T_2 之和。重复测定 3 次，取平均值。

2）气态污染物 CEMS 和氧气 CMS 零点漂移、量程漂移

①零点漂移

系统通入零气（经过滤的不含颗粒物、待测气体的清洁干空气或高纯氮气），校准仪器至零点，测试并记录初始读数 Z_0。待气态污染物和氧气准确度验收结束，且至少距初始测试 6 h 后，再通入零气，待读数稳定后记录零点读数 Z_1。按附录 A 中的式（A1）和式（A2）计算零点漂移 Z_d。

②量程漂移

系统通入高浓度（80%～100% 的满量程）标准气体，校准仪器至该标准气体的浓度值，测试并记录初始读数 S_0。待气态污染物和氧气准确度验收结束，且至少距初始测试 6 h 后，再通入同一标准气体，待读数稳定后记录标准气体读数 S_1。按附录 A 中的式（A3）和式（A4）计算量程漂移 S_d。

3）气态污染物 CEMS 和氧气 CMS 准确度

参比方法与 CEMS 同步测量烟气中气态污染物和氧气浓度，至少获取 9 个数据对，每个数据对取 5～15 min 均值。绝对误差按式（5-9）计算，相对误差按式（5-10）计算，相对准确度按 HJ 75 附录 A 中的式（A21）～式（A26）计算。

（2）烟气参数 CMS 技术指标验收

1）验收内容

烟气参数指标验收包括流速、烟温、湿度准确度验收。采用参比方法与流速、烟温、湿度 CMS 同步测量，至少获取 5 个同时段测试断面值数据对，分别计算流速、烟温、湿度 CMS 准确度。

①流速准确度

烟气流速准确度计算方法如下：

绝对误差：
$$\overline{d_{vi}} = \frac{1}{n}\sum_{i=1}^{n}(V_{CEMS} - V_i) \qquad (5\text{-}11)$$

相对误差：
$$R_{ev} = \frac{\overline{d_{vi}}}{V_i} \times 100\% \qquad (5\text{-}12)$$

式中：$\overline{d_{vi}}$——流速绝对误差，m/s；

　　　n——测定次数（≥5）；

　　V_{CEMS}——流速 CMS 与参比方法同时段测定的烟气平均流速，m/s；

　　　V_i——参比方法测定的测试断面的烟气平均流速，m/s；

R_{ev}——流速相对误差，%。

②烟温准确度

烟温绝对误差计算方法如下：

$$\Delta T = \frac{1}{n}\sum_{i=1}^{n}\left(T_{CEMS} - T_i\right) \tag{5-13}$$

式中：ΔT——烟温绝对误差，℃；

$\qquad$ n——测定次数（≥5）；

$\qquad$ T_{CEMS}——烟温 CMS 与参比方法同时段测定的平均烟温，℃；

$\qquad$ T_i——参比方法测定的平均烟温，℃（可与颗粒物参比方法测定同时进行）。

③湿度准确度

湿度准确度计算方法如下：

$$\text{绝对误差：} \Delta X_{SW} = \frac{1}{n}\sum_{i=1}^{n}\left(X_{SXCMS} - X_{SWi}\right) \tag{5-14}$$

$$\text{相对误差：} R_{es} = \frac{\Delta X_{SW}}{X_{SWi}} \times 100\% \tag{5-15}$$

式中：ΔX_{SW}——烟气湿度绝对误差，%；

$\qquad$ n——测定次数（≥5）；

$\qquad$ X_{SWCMS}——烟气湿度 CMS 与参比方法同时段测定的平均烟气湿度，%；

$\qquad$ X_{SWi}——参比方法测定的平均烟气湿度，%；

$\qquad$ R_{es}——烟气湿度相对误差，%。

④验收测试结果可参照 HJ 75 附录 D 中的表 D.1、表 D.3～表 D.5 和表 D.8 的形式记录

⑤技术指标验收测试报告格式

报告应包括以下信息：

a. 报告的标识－编号；

b. 检测日期和编制报告的日期；

c. CEMS 标识－制造单位、型号和系列编号；

d. 安装 CEMS 的企业名称和安装位置所在的相关污染源名称；

e. 环境条件记录情况（大气压力、环境温度、环境湿度）；

f. 示值误差、系统响应时间、零点漂移和量程漂移验收引用的标准；

g. 准确度验收引用的标准；

h. 所用可溯源到国家标准的标准气体；

i. 参比方法所用的主要设备、仪器等；

j. 检测结果和结论；

k. 测试单位；

l. 三级审核签字；

m. 备注（技术验收单位认为与评估 CEMS 的性能相关的其他信息）。

2）示值误差、系统响应时间、零点漂移和量程漂移验收技术要求（表 5-3）

表 5-3　示值误差、系统响应时间、零点漂移和量程漂移验收技术要求

检测项目			技术要求
气态污染物 CEMS	二氧化硫	示值误差	当满量程≥100 μmol/mol（286 mg/m³）时，示值误差不超过 ±5%（相对于标准气体标称值）；当满量程＜100 μmol/mol（286 mg/m³）时，示值误差不超过 ±2 5%（相对于仪表满量程值）
		系统响应时间	≤200 s
		零点漂移、量程漂移	不超过 ±2.5%
	氮氧化物	示值误差	当满量程≥200 μmol/mol（410 mg/m³）时，示值误差不超过 ±5%（相对于标准气体标称值）；当满量程＜200 μmol/mol（410 mg/m³）时，示值误差不超过 ±2.5%（相对于仪表满量程值）
		系统响应时间	≤200 s
		零点漂移、量程漂移	不超过 ±2.5%
氧气 CMS	O₂	示值误差	±5%（相对于标准气体标称值）
		系统响应时间	≤200s
		零点漂移、量程漂移	不超过 ±2.5%
颗粒物 CEMS	颗粒物	零点漂移、量程漂移	不超过 ±2.0%

注：氮氧化物以 NO₂ 计。

3）准确度验收技术要求（表 5-4）

表 5-4　准确度验收技术要求

检测项目			技术要求
气态污染物 CEMS	二氧化硫	准确度	排放浓度≥250 μmol/mol（715 mg/m³）时，相对准确度≤15%
			50 μmol/mol（143 mg/m³）≤排放浓度<250 μmol/mol（715 mg/m³）时，绝对误差不超过 ±20 μmol/mol（57 mg/m³）
			20 μmol/mol（57 mg/m³）≤排放浓度<50 μmol/mol（143 mg/m³）时，相对误差不超过 ±30%
			排放浓度<20 μmol/mol（57 mg/m³）时，绝对误差不超过 ±6 μmol/mol（17 mg/m³）
	氮氧化物	准确度	排放浓度≥250 μmol/mol（513 mg/m³）时，相对准确度≤15%
			50 μmol/mol（103 mg/m³）≤排放浓度<250 μmol/mol（513 mg/m³）时，绝对误差不超过 ±20 μmol/mol（41 mg/m³）
			20 μmol/mol（41 mg/m³）≤排放浓度<50 μmol/mol（103 mg/m³）时，相对误差不超过 ±30%
			排放浓度<20 μmol/mol（41 mg/m³）时，绝对误差不超过 ±6 μmol/mol（12 mg/m³）
	其他气态污染物	准确度	相对准确度≤15%
氧气 CMS	O₂	准确度	>5.0% 时，相对准确度≤15%
			≤5.0% 时，绝对误差不超过 ±1.0%
颗粒物 CEMS	颗粒物	准确度	排放浓度>200 mg/m³ 时，相对误差不超过 ±15%
			100 mg/m³<排放浓度≤200 mg/m³ 时，相对误差不超过 ±20%
			50 mg/m³<排放浓度≤100 mg/m³ 时，相对误差不超过 ±25%
			20 mg/m³<排放浓度≤50 mg/m³ 时，相对误差不超过 ±30%
			10 mg/m³<排放浓度≤20 mg/m³ 时，绝对误差不超过 ±6 mg/m³
			排放浓度≤10 mg/m³，绝对误差不超过 ±5 mg/m³

续表

检测项目			技术要求
流速 CMS	流速	准确度	流速＞10 m/s 时，相对误差不超过 ±10%
			流速≤10 m/s 时，相对误差不超过 ±12%
温度 CMS	温度	准确度	绝对误差不超过 ±3℃
湿度 CMS	湿度	准确度	烟气湿度＞5.0% 时，相对误差不超过 ±25%
			烟气湿度≤5.0% 时，绝对误差不超过 ±1.5%

注：氮氧化物以 NO_2 计，以上各参数区间划分以参比方法测量结果为准。

5.2.6　联网验收内容

联网验收由通信及数据传输验收、现场数据比对验收和联网稳定性验收 3 部分组成。

（1）通信及数据传输验收

按照 HJ/T 212 的规定检查通信协议的正确性。数据采集和处理子系统与监控中心之间的通信应稳定，不出现经常性的通信连接中断、报文丢失、报文不完整等通信问题。为保证监测数据在公共数据网上传输的安全性，所采用的数据采集和处理子系统应进行加密传输。监测数据在向监控系统传输的过程中，应由数据采集和处理子系统直接传输。

（2）现场数据比对验收

数据采集和处理子系统稳定运行 1 周后，对数据进行抽样检查，对比上位机接收到的数据和现场机存储的数据是否一致，精确至 1 位小数。

（3）联网稳定性验收

在连续 1 个月内，子系统能稳定运行，不出现除通信稳定性、通信协议正确性、数据传输正确性以外的其他联网问题。

5.2.7　联网验收技术指标要求（表 5-5）

表 5-5　联网验收技术指标要求

验收检测项目	考核指标
通信稳定性	1. 现场机在线率为 95% 以上； 2. 正常情况下，掉线后，应在 5 min 内重新上线； 3. 单台数据采集传输仪每日掉线次数在 3 次以内； 4. 报文传输稳定性在 99% 以上，当出现报文错误或丢失时，启动纠错逻辑，要求数据采集传输仪重新发送报文

续表

验收检测项目	考核指标
数据传输安全性	1. 对所传输的数据应按照 HJ 212 中规定的加密方法进行加密处理传输，保证数据传输的安全性； 2. 服务器端对请求连接的客户端进行身份验证
通信协议正确性	现场机和上位机的通信协议应符合 HJ 212 的规定，正确率 100%
数据传输正确性	系统稳定运行 1 周后，对 1 周的数据进行检查，对比接收的数据与现场的数据一致，精确至 1 位小数，抽查数据正确率 100%
联网稳定性	系统稳定运行 1 个月，不出现除通信稳定性、通信协议正确性、数据传输正确性以外的其他联网问题

6 典型案例

6.1 案例一：石油化工行业废水监测应用

石油化工行业生产加工过程中使用的原料、生产过程、产品（包括副产品）都会产生废水，其排出废水的种类和数量是随着生产工艺、生产规模、所采用不同的原材料及产品品种的变化而改变的。石油化工废水是石油化工联合企业排出的废水。石油化工废水种类繁多、组成复杂，毒性大、抑制生物降解和浓度高，主要特性包括：水量大、水质复杂和变化大，有机污染较严重，污水中含有重金属等。

本案例根据生产工艺情况和排放管理要求，选择安装 COD_{Cr}、氨氮、总磷、总氮、pH、流量 6 个监测参数，并配备了数据控制单元和水质自动采样器等辅助设备。

本案例采用明渠流量计，现场采用巴歇尔槽，其现场的堰槽和超声波流量计的安装满足巴歇尔槽的安装设计要求，且对管路进行了保温防冻措施。

图 6-1 石油化工行业废水监测应用实例

6.2 案例二：钢铁行业烟气监测应用

应用案例所属行业：钢铁行业。

监测点位：焦炉烟囱、焦炉推焦除尘烟囱、焦炉装煤除尘烟囱、干熄焦除尘烟囱。

测量组分：SO_2、NO、NO_2、O_2、颗粒物、温度、压力、流速、湿度等。

采样方式：冷干抽取式。

主要参数分析方法：SO_2、NO、NO_2：紫外吸收法；

                   O_2：电化学法；

                   颗粒物：抽取式激光前散射法；

                   温度：热电阻 / 热电偶法；

                   压力：压力传感器；

                   流速：皮托管差压法；

                   湿度：极限电流法。

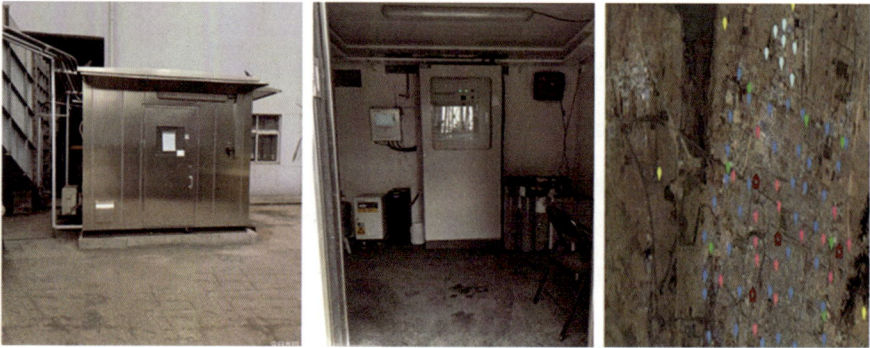

图 6-2　钢铁行业烟气监测应用实例

6.3　案例三：火电行业烟气碳排放监测应用

应用案例所属行业：火电行业。

监测点位：排放口烟囱。

测量组分：CO_2、O_2、温度、压力、流速、湿度等。

采样方式：冷干抽取式。

主要参数分析方法：CO_2：非分散红外法；

                   O_2：电化学法；

                   温度：热电阻 / 热电偶法；

                   压力：压力传感器；

                   流速：超声波流量计；

                   湿度：极限电流法。

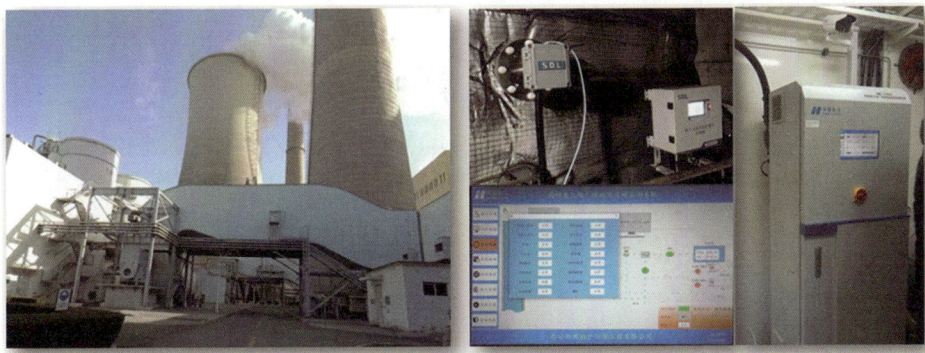

图 6-3　火电行业烟气碳排放监测应用实例

6.4　案例四：石化行业烟气排放监测应用

应用案例所属行业：石化行业。

监测点位：排放口烟囱。

测量组分：SO_2、NO、NO_2、NMHC、O_2、温度、压力、流速、湿度等。

采样方式：冷干抽取式。

主要参数分析方法：SO_2、NO、NO_2：非分散紫外法 / 非分散红外法；

　　　　　　　　　NMHC：气相色谱法氢火焰离子检测器；

　　　　　　　　　O_2：电化学法；

　　　　　　　　　颗粒物：抽取式激光前散射法；

　　　　　　　　　温度：热电阻 / 热电偶法；

　　　　　　　　　压力：压力传感器；

　　　　　　　　　流速：皮托管差压法；

　　　　　　　　　湿度：极限电流法。

图 6-4　石化行业烟气排放监测应用实例

运行篇

1 日常运维

1.1 污染源自动监控系统运行管理的模式

1.1.1 运行管理的必要性

污染源自动监控系统作为连续、动态监控污染源排放状况的技术手段，能够实时获取各类污染源主要污染物排放浓度的时空分布数据，为污染物减排、环境质量改善、生态环境执法等环境管理提供有力的数据支撑，提高环境监测的效率，提升环保监控的现代化水平，其重要性是不言而喻的。污染源在线监测系统的运行与考核直接关系到在线监测数据的准确性和可靠性，是污染防治、环境监管工作开展的技术基础。

2004 年 9 月，我国为了提高环境管理的质量，开始构建全国性的环境监控网，拉开了污染源自动监控工作的序幕。2010 年实施的《环境行政处罚办法》中强调，环境保护主管部门可以利用在线监控或者其他监控手段收集违法行为证据，经环境保护主管部门认定有效的，可以作为认定违法事实的证据。2023 年实施的《生态环境行政处罚办法》（生态环境部令 第 30 号）中明确，经过标记的自动监测数据，可以作为认定案件事实的证据。

传统仪器仪表如温度表、压力表等一般通过定期检定的方式确认数据准确性、有效性；对于污染源自动监控设备而言，由于其具有分析原理复杂、监测工况多样、测量精度高等特点，容易受环境因素等影响产生漂移、背景组分干扰，进而影响测量精度，需要周期性开展巡检、校准、校验等运维工作，以保证监测数据的准确性和有效性。

2008 年环境保护部发布了《污染源自动监控设施运行管理办法》，规定了污染源自动监控系统运行维护及监管等要求；HJ 355、HJ 75、HJ 1286 等标准的发布，进一步从技术层面对污染源自动监控系统的日常运行工作开展作出了详细要求。因此，污染源自动监控系统运行管理是保证监测数据真实、准确的必要手段。

1.1.2　运行管理模式现状及分析

国内主要自动监控系统运营模式有两种：排污企业自主运行模式、社会化运行模式。

（1）排污企业自主运行模式

在自动监控系统建设初期，管理制度、技术规范等尚不完善，排污企业多利用自有仪器仪表维护人员开展自动监控系统日常运行维护等管理工作；其运行模式也往往是巡检查看仪器运行状态，出现故障后进行维修，不关注监测数据质量。部分排污企业甚至未配备专职人员负责在线监控系统的运行管理工作。

排污企业自主运行模式一方面让其有"安全感"，监测数据出现异常时可第一时间发现并处置，这也给了部分排污企业可乘之机，偷排现象时有发生；另一方面由于自动监控系统是一项涉及多学科、专业性强的工作，日常运行需要专业技术能力，自主运行往往力不从心。

（2）社会化运行模式

社会化运行模式又称为第三方运行模式，是指环保部门或排污企业委托从事环保技术服务的专业公司对污染源自动监控系统进行统一的维护和运行管理。社会化运行可以分为两个阶段。

第一阶段，运营资质许可阶段。

早在 2004 年，国家环境保护总局就发布了《环境污染治理设施运营资质许可管理办法》，将自动连续监测运营资质纳入环境污染治理设施运营资质许可管理，从事相关专业工作的企业及个人必须获取相应资质。

2009 年前后，多个省份环境保护主管部门以补贴方式招标或入围方式，对管辖范围内的社会化运行单位进行筛选，并制定相应政策文件进行日常管理、考评，解决了自动监控设备建而不运等问题，整体提高了污染源自动监控系统的运行质量。

第二阶段，充分市场化阶段。

2014 年，环境保护部发布了《关于废止〈环境污染治理设施运营资质许可管理办法〉的决定》，正式废止社会化运行单位的资质许可管理，污染源自动监控系统社会化运行进入充分的市场竞争阶段。随后，为适应市场发展需要，规范环境服务业市场，中国环境保护产业协会自 2016 年开展自动监控系统运营服务认证工作。

国家和地方都支持鼓励社会化运行，一般采取"企业出资，社会运营，环保监管"的模式，由排污单位自主选择合格的社会化运行单位。社会化运行模式吸引更多的社会力量进入污染源自动监控行业，截至 2023 年，共有 300 余家运行单位获得服务认证资质，还存在大量未参与认证的运行企业。在此模式下，排污企业只提供该设备所需要的外部环境，而仪器的操作、维护及维修均可让运行公司承担，这样专业人员的培养都是运行公司的责任，运行公司由于专一性、人员相对稳定、技术能力较强，设备可以得到及时的维修，从而运行有保障。

这种模式的主要问题在于，社会化公司较多，存在为揽业务打价格战、降低运营质量的现象。有的运行公司能力和技术水平低，管理不规范，备品备件和备机存储不足，设备维修维护不及时。因运行费用一般由排污企业支付，为处理好与企业的"关系"，有些运行公司不能保持中立，运营维护偷工减料，为企业节省成本。更有甚者，受利益驱动，与排污企业联合造假。

在废水排污企业中，由于环保专业人员较少，对在线监测仪器了解甚少，运营质量大打折扣；试剂更换不及时，仪器故障无法修复，数据传输不足，不仅导致运营成本增高，而且常常出现超标排污的现象。而生态环境主管部门的人员，无法全面监控社会各行各业不同排放现场。因此将环保设施改为交由第三方公司执行的市场化运营，实现环保设施的社会化投资、专业化建设、市场化运营、规范化管理、规模化发展。专业化的市场运营，维护维修效率高，服务相对完善，运营成本相对较低。运营市场化使得排污企业和生态环境行政主管部门真正实现了"双赢"。

1.2 污染源自动监控系统运行管理的基本要求

1.2.1 污染源自动监控系统运行维护工作的基本任务

（1）保证污染源监测数据的真实、准确、完整、有效，监测设备正常运行。

（2）保证监测数据有效传输率达到 90% 及以上。

（3）按技术规范要求的周期对污染源自动监控系统开展日常巡检、校准、校验、维护等质控工作。

1.2.2 职责与资源要求

（1）应规定与运营服务活动相关的各类人员的职责及相互关系。

（2）应具备开展运营服务所必需的人员、营业场所和检测条件等资源和基础设施，建立并保持适宜开展运营服务的必要环境。

1.2.3 质量管理要求

（1）应建立并保持文件化的运营服务质量管理文件，以确保运营服务质量的相关过程有效运作。

（2）应对影响自动监控系统运营效果和质量的关键点进行识别，建立服务蓝图，并制定与运营服务项目相符的作业指导书。

1.2.4 人员管理要求

（1）应指定1名运营负责人，授权其负责运营质量管理，并确保其实施和保持。运营负责人应具有充分的能力胜任本职工作。

（2）应建立运营人员的岗位培训、考核和评价等制度及文件，并保留相关记录。

（3）运营人员应签订自律承诺书，恪守职业操守。

1.2.5 备品、配件、耗材、药剂、标准物质要求

（1）应建立并保持文件化的备品、配件、耗材、药剂、标准物质采购控制程序，以确保采购产品满足规定要求，并保存完整有效的采购记录。

（2）应对供应商进行评价，制定相关耗材、药剂、标准物质合格供应商清单，并建立供应商档案。

（3）应建立备品、配件、耗材、药剂、标准物质的库房管理制度，库存数量应能满足日常运营要求，并保存相关记录。

1.2.6 检测能力要求

（1）应具备与运营服务领域和活动相适应的检测能力，并建立与其检测活动相适应的管理文件和作业指导书。

（2）用于检测的仪器设备的配置应能满足运营要求，并设置台账。检测和校准仪器设备应按规定的周期进行校准或检定。对自行校准的仪器设备，应规定校准方法和校准周期等。仪器设备的校准和检定状态应能被使用人员及管理人员方便识别。

（3）应保存试剂配制记录、仪器使用记录、仪器维护/维修记录、比对试验原始记录等相关记录。

1.2.7　项目管理要求

（1）应建立运营项目管理清单和档案，并定期对运营效果进行评估。

（2）应建立并保持运营项目监督制度，针对运营过程开展监督检查中发现的问题应采取纠正、预防措施，并保存记录。

（3）应建立运营信息化管理系统，具备数据管理、运营管理、任务管理、资料管理等功能，实现对运营服务整个过程的电子化管理。

1.2.8　内部质量控制要求

（1）应建立运营服务的内部质量评审制度，并保存运营相关的内部评审记录。

（2）应建立客户满意度调查制度，持续改进和提升服务质量，并保存相关记录。

1.2.9　风险控制要求

应建立贯穿服务全过程的风险管理机制，识别、分析各种潜在风险，针对不同风险类型制定相应的解决方案。

1.3　污染源自动监控系统运行管理工作的基本制度

1.3.1　质量管理制度

运行维护单位宜依据 GB/T 19001 建立运维质量管理制度并保证其执行，同时应持续性改进。

1.3.2　人员管理和考核制度

运行维护单位应根据法律法规建立人员管理和考核制度，包括各类人员的选聘、岗位培训、考核和评价等。

1.3.3　监督制度

（1）运行维护单位应从监测数据质量角度出发，建立并不断完善闭环管理的内部监督机制，并应设置与之对应的监督计划和监督记录，方便查阅及审查。

（2）排污单位根据内部管理的需要，建立相应的监督管理制度。

（3）生态环境主管部门按照《污染源自动监控设施运行管理办法》的要求实施监督。

1.3.4 危险废物管理制度

（1）排污单位应根据国家有关危险废物的法律法规、标准制定危险废物管理要求，建立管理制度和管理台账。

（2）危险废物管理制度应明确危险废物存储要求、分类存储方式、处置要求等指导性内容。

（3）危险废物管理制度应明确在线监测设备产生的危险废物需交由有资质的危险废物处理机构处理，并留存相应处理单据。

1.3.5 实验室制度

运行维护单位应建立实验室内部质量控制制度，并根据 HJ/T 373 的要求开展实验室分析质量控制。

1.3.6 记录与报告制度

（1）运行维护单位应对质量管理制度要求形成的相关记录进行控制和管理，确保记录完整、准确、便于查阅。

（2）运行维护过程中产生的各类记录不得随意销毁，在现场端保管年限至少 1 年，在办公场所保管年限至少 3 年。

（3）实验室应保存完整的记录，内容通常包括采样记录、样品交接记录、实验原始记录等。

（4）运行维护单位应建立报告制度，定期向排污单位、生态环境主管部门或其他相关单位进行报告。报告主要内容有设备情况、例行维护异常情况、自查或生态环境主管部门检查出的问题清单等；报告制度应明确报告责任人、报告对象、报告内容、报告频率以及整改闭环管理措施等。

1.3.7 运维作业指导书

（1）运行维护单位应根据相关法律法规、技术标准规范、仪器使用维护说明书等编制运维作业指导书。

（2）作业指导书应至少包含水污染源自动监控监测系统的日常巡检维护、校准校验、关键参数检查、故障处理等内容。

（3）运行维护单位应按照作业指导书开展运维工作。

1.4 污染源自动监测仪器的标准化管理

1.4.1 污染源自动监测仪器的管理任务与阶段

（1）水污染源在线监测仪器的管理任务

①选型采购阶段

制定水污染源自动监测仪器的选型标准，包括监测参数、监测范围、准确度等要求。

设备选型时，需要选择中国环保产业协会认证产品目录中的产品，所选产品厂家型号具备中国环境监测总站适用性检测报告，根据监测需求，选择适合的自动监测仪器，并对仪器进行技术比较和评估。确保采购的仪器符合技术要求、环保要求，同时满足、适应本企业当前工况要求，最大限度地排除生产工艺、治污工艺等对仪器测量数据的干扰等影响因素。

②设备安装调试阶段

根据监测点位布局，合理安排监测设备的安装位置，确保监测仪器可以准确反映水体污染情况。

进行仪器的安装调试和验证，确保监测仪器正常工作并输出准确、可靠的数据。

制订详细的试运行计划，完成30 d产品试运行，保证数据有效率在90%以上。

制定设备运维方案，提出日常维护和保养计划，培训操作人员，确保操作人员能正确操作监测仪器。

③日常运维阶段

根据日常运维方案以及质控方案，确定日质控、周巡检、月比对的运维质控措施，建立数据质量控制体系，包括仪器校准、标准样品使用和实验室分析比对等环节，确保监测数据的准确性和可比性。定期对监测数据进行审核和评估，及时发现数据异常和问题，并进行处理和记录。建立数据信息化管理系统，确保监测数据的及时传输、存储和管理。

（2）烟气排放连续监测仪器的管理任务

①管理任务

污染源自动监测仪器进行科学管理，其主要任务是：根据技术上先进、经济上合理、适于使用的原则，制订污染源自动监测仪器购置计划，正确地选择仪器。保证监测仪器运行使用始终处于最佳技术状态。对选购的仪器设备及时安装调试，做好人员、技术条件的配备，立即投入使用。经常维护保养，保证所用仪器符合标准。建立完善的监测仪器管理制度，建立与监测工作相适应的仪器管理机构，进行合理分工。仪器设备做到计划严密、购置合理、手续健全、技术档案完整，有成套的规章制度。培训技术人员和管理人员，按照国家规定研究和改进仪器使用和管理办法。开展经济核算，重视经济效益，做好仪器的更新换代和淘汰报废工作。

②管理阶段

依据监测仪器的管理任务可将仪器管理分为 4 个阶段。

A. 拟订方案，论证选购阶段。无论选用国内外任何型号的监测仪器都应进行分析论证，论证必须是诸方案分析比较，择优选型要考虑多因素。编制好监测仪器购置计划，依据仪器的先进性、可靠性、可维修性、安全性、利用率和经济效益分析论证选购监测仪器。

B. 安装验收阶段。监测仪器购进后应尽快验收、安装，尽快投入使用。该阶段包括：a. 组织验收准备工作是形成能力的关键，决定能否尽快取得效益。这项工作在仪器设备签约后就应立即进行。b. 组织验收工作的实施，仪器设备验收合格后应及时投入运行，并尽早发现使用中的问题以确保在"三包"期内处理完各种问题。c. 验收技术资料，其中包括仪器技术指标、原始记录、安装基础图纸及验收报告。

C. 运行维护、服役管理阶段。污染源自动监测仪器的财产管理和发挥效能主要在服役阶段，并通过在自动监测活动中发挥的作用效果、时间利用程度和经济效益三方面考虑。为确保仪器的正常服役，要对仪器进行分类编写、建账、建档、操作考核、维修保养等工作，一般按监测仪器的使用功能进行分类编号并连账管理，仪器应有总台账、分类账、分户账，它们之间是相互制约、相互关联的。建立的仪器档案应包括验收记录、附件登记、备配件登记、易损件登记、仪器操作规程、仪器损坏与事故记录及维修保养记录等。污染源自动监测仪器在使用过程中应经常进行维护保养，维护人员经培训合格方可上岗。

D. 更新改造、退役管理阶段。当仪器技术老化或先天不足、质量有问题等不能适应监测工作时，为充分利用现有条件可进行技术的改造，以期达到增加功能和效益。但仪器改造的方案要周密慎重，经过专职技术人员论证，主管领导批准方可确定。仪器的更新以技术寿命为主要依据，巧妙地结合经济寿命和物质寿命，充分利用剩余的物质寿命，以取得良好的经济效益为原则。

1.4.2 污染源自动监测仪器的质量控制标准

污染源自动监测仪器设备与其他机电、化工产品设备的质量一样，是在科研、设计、制造、使用过程中形成的。

产品质量是设计、制造、使用、辅助四个过程质量的综合。设计过程形成设计过程质量，制造过程形成制造过程质量，使用过程形成服务质量，辅助过程形成辅助质量或后勤质量等。

（1）污染源自动监测仪器技术标准

仪器设备材料产品质量的衡量标准是产品的技术标准，是经过严格考核制定出来的。它明确规定了产品的主要性能基本参数以及保证产品质量的有关内容。它是保证产品质量的技术法规，也是监测计量认证检测仪器的技术考核标准。

污染源监测仪器及环保设备的特点有以下几点：

①污染源自动监测仪器及环保设备多属系列成套设备。

②仪器设备产品品种繁多、型号混乱、质量与污染源监测要求差距较大。

③环保仪器设备既要求达到仪器设备材料本身的质量标准，又要求达到监测和治理的标准（数据的精度和可比性）。

④污染源自动监测工作包括了各行各业，因此仪器设备材料标准的制定工作比较复杂。首先要深入调研，拟定标准体系，最终实现污染源自动监测仪器设备标准化。

⑤污染源自动监测仪器设备材料产品标准体系制定具体实施须从基础整理着手，广泛调研，汇集国内外环保产品，把各主要生产厂家生产的产品质量，按监测及治理的实施情况，进行不同分类整理。

（2）污染源自动监测仪器技术标准体系的研究

污染源自动监测仪器的质量控制标准有其特殊性，它既要反映仪器设备本身的性能，又要反映监测和污染治理效果监测数据的可靠性。因此，监测仪器控制质量标准须按环保的技术要求，在明确概念和完全准确的目标的基础上去探讨建立。在技术标准体系的研究中，原则上应按以下要求进行。

①污染源自动监测仪器应逐步统一标准化，依照计量法中规定的计量检定法定计量单位，按环境化学分析计量仪器、环境物理测量仪器、环境生物检验仪器，以及水、气、固、声等监测仪器系列划分技术标准体系。

②污染源自动监测仪器要符合监测质量保证的要求，必须保证达到国家对污染源监测管理规定的质量要求，并应不断改进提高。

③凡是我国的污染源自动监测仪器应按国家颁布的国家级、部级的各项技术标准指标要求，可直接采用不另行制定，但要有环保指标要求。

④污染源自动监测仪器的采用设备整体性能参数及采用部件的标准、仪器的有关材质，加工特殊要求等也应包括在技术标准中。

对污染源自动监测仪器设备调查内容主要分为三个方面：①自动监测仪器设备厂生产情况、产品技术参数；②自动监测仪器设备在使用单位运行情况、控制的技术参数、精度、效率等；③自动监测仪器设备的技术标准收集汇编，要求对各类环保产品的特性参数、测试方法、测试仪器及测试规范进行调查。在调研的基础上按各类产品的技术水平、规格系列、配套能力的成熟程度，产品使用效益与质量优劣编制产品标准体系系列及实施方案。

1.4.3　污染源自动监测仪器的维护管理

污染源自动监测仪器的标准化管理，研究统一的试验方法和统一的试验条件，并经共同实验室使之规范化，逐步实现监测仪器在以共同的监测结果为基础决定监测仪器的标准化性能作出技术标准。监测仪器的指示值正确与否，很大程度上依赖于采用什么样的标准物质，所以还应建立污染源监测使用的标准物质的追踪体系定期检定制度。与一般的工业测试仪器相比，污染源监测要求监测仪器要有相当高的灵敏度，而高灵敏度的测试仪器的管理有其不同于一般仪器的特性。就污染源监测管理的质和量而言，更有其特殊性，可以说即使是在灵敏度、结构性能等方面都非常好的仪器，如果监测仪器本身不能得到良好的管理，那么想得到可靠的数据也是十常困难的。目前还不存在那种完全不用校正、维护、保养、修理并在长时间使用后仍能维持可靠性的监测仪器。

（1）污染源自动监测仪器管理方法

污染源自动监测仪器管理应分为两类：一类是事务管理，就是按照总记录表进行管理。为维护仪器的精度，总是处于良好的工作状态；要记录维护保养的实施状况，按需要建立维护保养管理的原始记录是十分必要的。另一类是技术管理。技术管理是按仪器的组成（如采样装置、分析单元等）和测定管理中规定的管理项目、管理基准、管理周期和管理方法，并考虑到维护人员的技术水平和担任此项工作的人数，制定能取得最好效果的规划设计，经认真研究后实施。

（2）污染源自动监测仪器管理措施

①建立科学的管理系统

运营管理方应成立污染源自动监测仪器管理小组，负责相关的仪器配件、试剂的采购计划、定期检查仪器使用及保养情况。组织制定和落实监测仪器设备及药品材料管理的各项制度和措施，使污染源自动监测仪器的管理逐步向科学化、标准化、规范化、系统化迈进，扭转当前那种"现代化的仪器设备，原始的管理方法"的局面。

②加强对仪器配件、试剂购置的计划性

污染源监测对象具有成分复杂、随机多变等特点。繁多的监测项目需要多种化学试剂和材料，试剂和材料的规格、纯度、数量、种类、采购、保存等应根据年度监测计划与任务制订相应计划，编制预算。一般来说，对一些常用试剂、易耗配件可根据多年的使用经验适当多购一点，避免用一点买一点、临用临买的被动现象。对于用量不大的不宜储备过多。

③建立和完善管理制度

a. 仪器设备验收制度。对购进的仪器设备应由排污企业环保人员、设备运行维护单位、行业专家等组成验收小组，在安装调试后验收，并建立仪器登记卡。

b. 仪器设备建档制度。对每种仪器应建立技术档案，包括仪器合格证、说明书、附件清单等，对每种仪器的型号、规格、出厂日期、仪器价格、性能、使用维护情况、工作时间等注册登记，建立档案。

c. 仪器设备使用维护保养制度。每台监测仪器操作维护必须建立严格的岗位责任制，由专人管理。维护后必须填写情况登记表，以便查询。维护操作人员应按规定程序操作，定期维护保养。

1.5 监控中心的运行管理

1.5.1 硬件

为确保监控中心的正常运行维护，所需硬件至少满足表 1-1。

表 1-1 监控中心硬件最低推荐标准

服务器	个数 / 台	服务器配置		
		CPU/ 核	内存 /GB	硬盘 /GB
网站应用发布服务器	1	2.00 GHz × 4	16	1 000
数据异常报警服务器	2	2.00 GHz × 4	8	500
数据模型分析服务器	1	32	64	2 000
数据接收服务器	7	2.00 GHz × 4	8	500
数据交换共享服务器	2	2.00 GHz × 4	16	500
	1	2.30 GHz × 8	32	500
数据库服务器	2	80	248	27 000

1.5.2 软件

重点排污单位自动监控与基础数据库系统是适用于各级环保部门、排污企业、运维公司三方业务的污染源自动监测监控系统。系统围绕全面落实企业主体责任、强化环保部门属地化管理职责、明确企业与第三方责任关系、突出省级部门的监督管理职责的思想建设，实现省、市平台所有污染源站点相关基础信息和监测数据分级存储和互联共享，集成实时监控、监测管理、统计分析、常用报表、系统管理五大功能模块。满足各市、县监控中心及排污单位日常数据查阅及工作需要。

系统提供了企业用户完整的注册、联网、备案、标准填报及变更、数据标记、数据修约等流程化功能，方便企业自行完成日常企业监测点位信息及监测点位数据的操作需求。市级环保部门负责属地内在线监测企业的监测点位联网收录、备案信息变更审核、标准变更等日常管理工作，能及时了解平台企业信息的变化情况。系统还提供丰富的各类报表，灵活的查询条件方便各级环保部门完成各类统计分析工作。通过下发各类异常工单，厘清责任的同时，形成管理闭环。由企业自主授权给第三方运维单位用户，可查看所运维的全部企业，协助企业完成企业授权的各类工作。

为更好地配合省级各类工作要求，系统还开发了应急减排、异常数据分析等功能。

①应急减排功能：通过对每年应急排污的清单进行梳理，根据应急减排措施把企业分成停产和减产清单。系统使用图表形式，按城市、行业、减排要求等分类展示了企业在应急期间的排放量变化趋势，环比、同比排放量变化情况等信息。针对停产企业，可查询应停未停企业清单并能查询到具体至小时的不符合停产特征参数的异常点位。针对减排企业，可根据设置的排放量基准值查询排放量不降反升的企业清单，并能查询每项污染物的减排情况，用红、橙、黄等色彩直观表现各污染企业的减排情况。

②异常数据分析：系统提供数据质量、异常数据、异常标记、数据分布、数据对比等功能。数据质量功能统计了停产小时数、应上传小时数、准确小时数据、有效小时数、数据运行率、数据有效率等点位的整体数据质量情况。异常数据功能按基础信息、运行不规范、疑似弄虚作假、未保证正常运行四大类情况，根据各类技术规范要求及日常工作经验提炼出十几种异常数据判断规则，筛选出异常数据。异常标记功能可以统计非工作时间标记数据、数据缺失未标记、单次标记时长大于 8 h 次数、"停产停排"标记异常、24 h 内标记 2 次以上相同故障等不符合技术规范要求及正常工作习惯的情况。数据分布可以自行设置每项数据的区间统计符合条件数据量，展示出监测点位的数据分布情况。数据对比提供了单点多项目，多点位单项目数据比对功能，以图表的形式直观展示数据的变化情况。

1.6 数据传输、交换网络的运行管理

各地生态环境主管部门应保障污染源自动监控信息管理平台的日常稳定运行，确保自动监测数据及时、完整传输至生态环境部污染源监控中心平台。在符合网络安全规定的前提下，将互联网作为自动监测数据传输的备用通道。部监控中心平台迁移至生态环境云后，各地应对网络参数进行更新。具体要求如下：

①各地生态环境主管部门应加强网络安全保障，落实网络安全责任制，制定有效的安全保障方案，污染源自动监控信息管理平台需结合各地网络信息安全管理要求设置等级保护级别，考虑到从现场端接收数据仍依赖公网传输以及部分省、市开通了互联网访问，建议等级保护级别为二级，各地网络安全管理另有要求的从其规定。

②各级生态环境主管部门必须建立应急处置预案，有效应对国控重点污染源发生异常和信息传输与交换过程中的突发事件。

③各级环境信息网络运维管理部门应当按照《环境信息网络建设规范》（HJ/T 460—2009）的要求，在统一规划、标准下进行网络配置和管理，保障上下级监控中心之间信息传输网络的物理连接。各级环境信息网络运维管理部门必须加强对本级环境保护专网的管理，保证专网与其他网络的安全隔离。

④国控重点污染源自动监控信息传输上报方式分为两类：一类为污染源在线监测数据等原始数据的直传上报；另一类为统计、汇总后历史数据、报警数据、污染源监测状态数据等交换到同级基础数据库，并逐级上报至上级自动监控系统。

⑤排污单位数采仪采集现场监测仪器的原始数据包不得经过任何加工修改，应直接报送至"重点污染源自动监控与基础数据库系统"，并通过该系统向生态环境部污染源监控中心平台报送；各地自行组织开发污染源自动监控信息管理平台的原始数据须与报送生态环境部污染源监控中心平台的数据保持一致。

⑥各级监控中心对国控重点污染源自动监控取得的数据进行统计，获得污染源排放小时均值、日均值、月均值、年均值等，在规定的时限内传输至上级监控中心，完成数据的逐级上报。

⑦各级监控中心应当遵循《环境污染源自动监控信息传输、交换技术规范（试行）》（HJ/T 352—2007），统一信息传输与交换格式，保障信息的传输、交换与共享，各类型数据交换频次见建设篇4.2.2。

⑧承载污染源自动监控信息管理平台运行的网络设备、应用服务器和存储设备应当保持7×24 h稳定运行传输，不得无故擅自停机；出现故障，必须立即修复，并及

时向上级生态环境主管部门报告原因；对于缺失和异常时段数据，应当查明原因，及时处理，并将有关信息补充上报。各地应预估自动监控业务发展和数据处理量增长的需要，及时申请更新、扩充、升级信息化基础设施，保障对污染源自动监控信息管理平台运行的支撑能力。

⑨各级应建立污染源自动监控信息管理平台运维保障管理制度，加强数据存储与备份管理，保障软硬件故障后历史数据不丢失，可快速恢复。且应保留充足的磁盘空间保存历史数据，建议数据保留年限见表1-2，各地数据保留年限有更高要求的从其规定。

表1-2　污染源自动监控信息管理平台数据保留年限说明

数据类型	描述	保留年限与方式
排污单位基本信息	排污单位的名称、地址、排放标准、监测点位、自动监测设备备案信息等	永久保存，信息管理平台永久可查
电子督办信息	各地发送的超标异常电子督办单明细以及处理处置进展信息	永久保存，信息管理平台永久可查
自动监测日（小时）数据	污染物的日均浓度、排放量、流量及各类参数信息，以及对应的数据标记信息	信息管理平台可查10年内，数据备份保留20年，即数据需保留20年，下同
污染物排放实时（分钟）数据	污染物的实时浓度（分钟均值）、排放量、流量及各类参数信息，以及对应的数据标记信息	信息管理平台保留1年，数据备份保留3年
工况参数实时数据	关键工况参数数据（如炉膛温度，锅炉蒸发量等数据），以及对应的数据标记信息	信息管理平台保留1年，数据备份保留3年

⑩数据传输网络使用生态环境部统建的电子政务外网（以下简称环保专网），因系统部署至各地政府统建的云计算中心，无法与环保专网联通的，可在保障网络安全的前提下使用互联网临时传输。

⑪初次联网以及更换服务器、IP等操作后需与生态环境部污染源监控中心平台重新进行联网联调。

⑫各级环境信息网络运维管理部门必须严格按照国控重点污染源自动监控系统的要求，保证数据通信网络的互联互通，为信息传输与交换提供支撑和保障。

⑬因重点污染源自动监控与基础数据库系统版本较低，无法满足以上要求的监控中心，需升级至最新版本软件（运行环境要求参见生态环境部污染源监控中心网站）。

⑭生态环境部污染源监控中心平台计划迁移至生态环境云，原数据上报的目标

IP 地址、端口等网络参数都需按照表 1-3 参数进行变更和联网调试，设置新的安全策略。

表 1-3　主要网络配置参数

IP 地址	描述	安全要求
10.251.105.32	接收全国垃圾焚烧原始数据直报服务器 IP	允许各地通信服务器向该 IP 的 5003、5005 端口转发数据，开通 TCP 协议
10.251.104.58	实时调取省、市级自动监控系统企业基本信息服务器	允许该服务器访问省、市级自动监控系统应用服务器接口服务
10.251.107.94	数据交换节点 1：承担内蒙古、吉林、辽宁、黑龙江 4 地区数据交换	
10.251.107.89	数据交换节点 2：承担北京、天津、河北、山东 4 地区数据交换	
10.251.107.95	数据交换节点 3：四川、云南、贵州、重庆承担 4 地区数据交换	
10.251.104.56	数据交换节点 4：承担浙江、福建、江西 3 地区数据交换	
10.251.104.57	数据交换节点 5：承担广东、广西、湖北、湖南、海南 5 地区数据交换	允许该 IP 访问各省的数据交换中心，进行文件下载
10.251.104.58	数据交换节点 6：承担上海、江苏、安徽 3 地区数据交换	
10.251.107.87	数据交换节点 7：承担山西、河南、陕西 3 地区数据交换	
10.251.107.88	数据交换节点 8：承担新疆、兵团、青海、西藏 4 地区数据交换	
10.100.244.103	数据交换节点 9：承担甘肃、宁夏 2 地区数据交换	
10.251.108.43	4.2 版本数据交换平台主节点 1	允许各级数据交换平台服务器访交换节点的 19093 端口，注意：此端口仅针对已经升级至 4.2 版本的重点污染源自动监控与基础数据库系统
10.251.108.39	4.2 版本数据交换平台主节点 2	
10.251.108.38	4.2 版本数据交换平台辅助节点 1	
10.251.105.55	4.2 版本数据交换平台辅助节点 2	
10.251.105.52	4.2 版本数据交换平台辅助节点 3	

　　注：该表格如因网络环境变更、安全策略调整、系统升级等补充调整，将在生态环境部污染源监控中心网站更新发布。

1.7 水污染源在线监测系统的运行管理

1.7.1 运行与日常维护

（1）仪器运行参数管理及设置

①仪器运行参数设置要求

在线监测仪器量程应根据现场实际水样排放浓度合理设置，量程上限应设置为现场执行的污染物排放标准限值的2～3倍。当实际水样排放浓度超出量程设置要求时应按要求进行人工监测。针对模拟量采集时，应保证数据采集传输仪的采集信号量程设置、转换污染物浓度量程设置与在线监测仪器设置的参数一致。

②仪器运行参数管理要求

对在线监测仪器的操作、参数的设定修改，应设定相应操作权限。对在线监测仪器的操作、参数修改等动作，以及修改前后的具体参数都要通过纸质或电子的方式记录并保存，同时在仪器的运行日志里做相应不可更改的记录，应至少保存1年。纸质或电子记录单中需注明对在线监测仪器参数的修改原因，并在启用时进行确认。

（2）采样方式及数据上报要求

瞬时采样：pH水质自动分析仪、温度计和流量计对瞬时水样进行监测。连续排放时，pH、温度和流量至少每10 min获得1个监测数据；间歇排放时，数据数量不小于污水累计排放小时数的6倍。

混合采样：COD_{Cr}、TOC、NH_3-N、TP、TN水质自动分析仪对混合水样进行监测。连续排放时，每日从零点计时，每1 h为一个时间段，水质自动采样系统在该时段进行时间等比例或流量等比例采样（如每15 min采1次样，1 h内采集4次水样，保证该时间段内采集样品量满足使用），水质自动分析仪测试该时段的混合水样，其测定结果应计为该时段的水污染源连续排放平均浓度。

间歇排放时，每1 h为一个时间段，水质自动采样系统在该时段进行时间等比例或流量等比例采样（依据现场实际排放量设置，确保在排放时可采集到水样），采样结束后由水质自动分析仪测试该时段的混合水样，其测定结果应计为该时段的水污染源排放平均浓度。如果某个采样周期内所采集样品量无法满足仪器分析之用，则对该时段作无数据处理。

1.7.2　实际水样比对试验

COD$_{Cr}$、TOC、NH$_3$-N、TP、TN 水质自动分析仪定期进行自动标样核查应不超过 24 h、自动校准应不超过 168 h 且不少于 24 h。

COD$_{Cr}$、TOC、NH$_3$-N、TP、TN、pH 水质自动分析仪、温度计及超声波明渠流量计按照应定期进行实际水样比对试验，其中 COD$_{Cr}$、TOC、NH$_3$-N、TP、TN、pH 水质自动分析仪、温度计应每月至少进行 1 次实际水样比对，流量计应每季度至少进行 1 次实际水样比对。

1.7.3　仪器的检修

水污染源在线监测系统需维修的，应在维修前报相应生态环境管理部门备案；需停运、拆除、更换、重新运行的，应经相应生态环境管理部门批准同意。

由于不可抗力和突发性原因致使水污染源在线监测系统停止运行或不能正常运行时，应当在 24 h 内报告相应生态环境管理部门并书面报告停运原因和设备情况。

运行单位发现故障或接到故障通知，应在规定的时间内赶到现场处理并排除故障，无法及时处理的应安装备用仪器。

水污染源在线监测仪器经过维修后，在正常使用和运行之前应确保其维修全部完成并通过校准和比对试验。若在线监测仪器进行了更换，在正常使用和运行之前，确保其性能指标满足规范内的要求。维修和更换的仪器，可由第三方或运行单位自行出具比对检测报告。

数据采集传输仪发生故障，应在相应环境保护管理部门规定的时间内修复或更换，并能保证已采集的数据不丢失。

运行单位应备有足够的备品备件及备用仪器，对其使用情况进行定期清点，并根据实际需要进行增购。

水污染源在线监测仪器因故障或维护等原因不能正常工作时，应及时向相应环境保护管理部门报告，必要时采取人工监测，监测周期间隔不大于 6 h，数据报送每天不少于 4 次，监测技术要求参照 HJ 91.1 执行。

1.7.4　质量保证与质量控制

水污染源在线监测系统的质量管理是一个系统工程，按照类别可以分为水污染源在线监测仪器质量控制和水污染源在线监测系统的质量控制，其中水污染源在线监测系统的质量控制又分为安装、验收、运行维护及数据有效性审核 4 个环节。

上述各个环节的质量控制均应参照相关的技术规范开展工作。

（1）安装的质量保证

《水污染源在线监测系统（COD_{Cr}、NH_3-N 等）安装技术规范》（HJ 353—2019）规定了水污染源在线监测系统的组成部分，水污染源排放口、流量监测单元、监测站房、水质自动采样单元及数据控制单元的建设要求，流量计、水质自动采样器及水质自动分析仪的安装要求，以及水污染源在线监测系统的调试、试运行技术要求。

该规范适用于水污染源在线监测系统各组成部分的建设，以及所采用的流量计、水质自动采样器、化学需氧量（COD_{Cr}）水质自动分析仪、总有机碳（TOC）水质自动分析仪、氨氮（NH_3-N）水质自动分析仪、总磷（TP）水质自动分析仪、总氮（TN）水质自动分析仪、温度计、pH 水质自动分析仪等水污染源在线监测仪器的安装、调试及试运行。水污染源在线监测系统参照该标准进行建设安装，并按照标准规定的项目进行逐项调试。

调试过程中需要进行实际水样比对的项目均需采用国家环境监测分析指定方法。

（2）校准时的质量保证

《水污染源在线监测系统（COD_{Cr}、NH_3-N 等）验收技术规范》（HJ 354—2019）规定了水污染源在线监测系统的验收条件及验收程序，水污染源排放口、流量监测单元、监测站房、水质自动采样单元及数据控制单元的验收要求，流量计、水质自动采样器及水质自动分析仪的验收方法和验收技术指标，以及水污染源在线监测系统运行与维护方案的验收内容。

该规范适用于按照 HJ 353 建设安装的水污染源在线监测系统各组成部分，以及所采用的流量计、水质自动采样器、化学需氧量（COD_{Cr}）水质自动分析仪、总有机碳（TOC）水质自动分析仪、氨氮（NH_3-N）水质自动分析仪、总磷（TP）水质自动分析仪、总氮（TN）水质自动分析仪、温度计、pH 水质自动分析仪等水污染源在线监测仪器的验收。

验收工作包含 4 个环节，分别是建设验收、仪器设备验收、联网验收及运行与维护方案验收。其中仪器设备的验收是最重要的环节，进行准确度验收时，需采用有证标准物质。

（3）复查期间的质量保证

《水污染源在线监测系统（COD_{Cr}、NH_3-N 等）运行技术规范》（HJ 355—2019）规定了为保障水污染源在线监测设备稳定运行所要达到的运行单位及人员要求、参数管理及设置、采样方式及数据上报、检查维护、运行技术及质控、系统检修和故障处理、档案记录等方面的要求，并规定了运行比对监测的具体内容。

该规范适用于通过 HJ 354 验收的水污染源在线监测系统各组成部分，以及所采用的流量计、水质自动采样器、化学需氧量（COD_{Cr}）水质自动分析仪、总有机碳（TOC）水质自动分析仪、氨氮（NH_3-N）水质自动分析仪、总磷（TP）水质自动分析仪、总氮（TN）水质自动分析仪、温度计、pH 水质自动分析仪等水污染源在线监测仪器的运行，适用于水污染源在线监测系统运行单位的日常运行和管理。

该规范从运行单位及人员要求、仪器运行参数设置及管理、采样方式及数据上报要求、检查维护要求、运行技术及质量控制要求、检修和故障处理要求、运行比对监测要求、运行档案与记录等方面对运行工作进行了全面规定。

特别提出，选用浓度约为现场工作量程上限值 0.5 倍的标准样品定期进行自动标样核查。如果自动标样核查结果不满足规定，则应对仪器进行自动校准。仪器自动校准完后应使用标准溶液进行验证（可使用自动标样核查代替该操作），验证结果应符合规定，如不符合则应重新进行一次校准和验证，6 h 内如仍不符合规定则应进入人工维护状态。

（4）运行期间的质量保证

运行单位的运行质量将直接影响该单位所运行的水污染源在线监测系统所产生监测数据的有效性，以月为周期，计算每个周期内水污染源在线监测仪实际获得的有效数据的个数占应获得的有效数据的个数的百分比不得小于 90%，有效数据的判定参见 HJ 356 的相关规定。

1.7.5 检查维护要求

（1）日检查维护

每天应通过远程查看数据或现场查看的方式检查仪器运行状态、数据传输系统以及视频监控系统是否正常，并判断水污染源在线监测系统运行是否正常。如发现数据有持续异常等情况，应前往站点检查。

（2）周检查维护

每 7 d 对水污染源在线监测系统至少进行一次现场维护。检查自来水供应、泵取水情况，检查内部管路是否通畅，仪器自动清洗装置是否运行正常，检查各仪器的进样水管和排水管是否清洁，必要时进行清洗。定期对水泵和过滤网进行清洗。检查监测站房内电路系统、通信系统是否正常。对于用电极法测量的仪器，检查电极填充液是否正常，必要时对电极探头进行清洗。检查各水污染源在线监测仪器标准溶液和试剂是否在有效使用期内，保证按相关要求定期更换标准溶液和试剂。检查数据采集传输仪运行情况，并检查连接处有无损坏，对数据进行抽样检查，对比水污染源在线监测仪、数据采集传输仪及监控中心平台接收到的数据是否一致。检查水质自动采样系统管路是否清洁，采样泵、采样桶和留样系统是否正常工作，留样保存温度是否正常。若部分站点使用气体钢瓶，应检查载气气路系统是否密封，气压是否满足使用要求。

（3）月检查维护

每月的现场维护应包括对水污染源在线监测仪器进行一次保养，对仪器分析系统进行维护；对数据存储或控制系统工作状态进行一次检查；检查监测仪器接地情况，检查监测站房防雷措施。水污染源在线监测仪器：根据相应仪器操作维护说明，检查和保养易损耗件，必要时更换；检查及清洗取样单元、消解单元、检测单元、计量单元等。水质自动采样系统：根据情况更换蠕动泵管、清洗混合采样瓶等。TOC 水质自动分析仪：检查 TOC-COD$_{Cr}$ 转换系数是否适用，必要时进行修正。对 TOC 水质自动分析仪的泵、管、加热炉温度进行一次检查，检查试剂余量（必要时添加或更换），检查卤素洗涤器、冷凝器水封容器、增湿器，必要时加蒸馏水。pH 水质自动分析仪：用酸液清洗一次电极，检查 pH 电极是否钝化，必要时进行校准或更换。温度计：每月至少进行一次现场水温比对试验，必要时进行校准或更换。超声波明渠流量计：检查流量计液位传感器高度是否发生变化，检查超声波探头与水面之间是否有干扰测量的物体，对堰体内影响流量计测定的干扰物进行清理。管道电磁流量计：检查管道电磁流量计的检定证书是否在有效期内。

（4）季度检查维护

水污染源在线监测仪器：根据相应仪器操作维护说明，检查及更换易损耗件，检查关键零部件可靠性，如计量单元准确性、反应室密封性等，必要时进行更换。对于水污染源在线监测仪器所产生的废液应以专用容器予以回收，并按照 GB 18597 的有关规定，交由有危险废物处理资质的单位处理，不得随意排放或回流入污水排放口。

（5）其他检查维护

保证监测站房的安全性，进出监测站房应进行登记，包括出入时间、人员、出入站房原因等，应设置视频监控系统。保持监测站房的清洁，保持设备的清洁，保证监测站房内的温度、湿度满足仪器正常运行的需求。保持各仪器管路通畅，出水正常，无漏液。对电源控制器、空调、排风扇、供暖、消防设备等辅助设备要进行经常性检查。其他维护按相关仪器说明书的要求进行仪器维护保养、易耗品的定期更换工作。

1.7.6　监督核查

运行工作管理应从参数设置和管理、检查维护、自动标样核查、自动校准、比对试验、检修和故障处理、比对监测以及记录与档案等几个方面来进行。

1.7.7 技术档案

水污染源在线监测系统运行的技术档案包括仪器的说明书、HJ 353 要求的系统安装记录和 HJ 354 要求的验收记录、仪器的检测报告以及各类运行记录表格。运行记录应清晰、完整，现场记录应在现场及时填写。可从记录中查阅和了解仪器设备的使用、维修和性能检验等全部历史资料，以对运行的各台仪器设备做出正确评价。与仪器相关的记录可放置在现场并妥善保存。

运行记录表格见表 1-4～表 1-12，各运行单位可根据实际需求及管理需要调整及增加不同的表格。

表 1-4　水污染源在线监测系统基本情况

企业名称				
地址			邮政编码	
联系人		固定电话	移动电话	
主要产品情况	产品		设计生产能力	实际产量
企业生产状况（季度正常运行天数）				
废水处理工艺				
设计处理能力 /（t/d）			实际处理能力 /（t/d）	
废水排放去向			纳污水体功能区类别	
环评批复对在线设备要求及文号				
监测项目	COD_{Cr}	NH_3-N	TP	……
设备型号及出厂编号				
生产商及集成商				
生产许可证编号				
检测报告编号				
方法原理				
定量下限 /（mg/L）				
设定量程 /（mg/L）				
运行单位				
水污染源自动监测系统安装点位：				
水污染源自动监测系统（仪器）名称、型号及编号：				
设备监测项目：				
水污染源自动监测系统生产单位：				
水污染源自动监测系统安装单位：				

表 1-5　巡检维护记录

设备名称：　　　　　　　　　　　　　　　　　　规格型号：

设备编号：　　　　　　　　　　　　　　　　　　安装地点：

企业名称：　　　　　　　　　　　　　　　　　　运行单位：

运行维护内容及处理说明：

项目	内容	日期：＿＿＿年＿＿月							备注
		日	日	日	日	日	日	日	
维护预备	查询日志[a]								
	检查耗材[b]								
辅助设备检查	站房卫生[b]								
	站房门窗的密封性检查[b]								
	供电系统（稳压电源、UPS 等）[b]								
	室内温湿度[a]								
	空调[b]								
	自来水供应情况[b]								
采样系统检查	采样泵采水情况[a]								
	采样管路通畅[b]								
	自动清洗装置运行情况[b]								
	排水管路通畅[a]								
	清洗采样泵、过滤装置[b]								
	清洗采样管路、排水管路[b]								
水污染源在线监测仪器	仪器报警状态[a]								
	仪器状态参数检查[a]								
	仪器外观检查[a]								
	仪器内部管路通畅[b]								
	仪器进样、排液管路清洁检查[b]								
	检查电极标准液、内充液[b]								
	清洗电极头[b]								
	标准溶液、试剂是否在保质期[b]								
	更换标准溶液、清洗液、试剂[b]								
	检查泵、管、加热炉等[c]								
	检查电极是否钝化，必要时进行更换[c]								
	检查超声波流量计高度是否发生变化[c]								
	仪器管路进行保养、清洁[c]								
水污染源在线监测仪器	检查采样部分、计量单元、反应单元、加热单元、检测单元的工作情况[c]								
	校验[d]								

续表

	数据采集系统报警信息^a				

数据采集 传输系统	数据采集系统报警信息 [a]				
	数据上传情况 [a]				
	数据采集情况 [a]				
	检查数采仪和仪器的连接 [b]				
	检查上传数据和现场数据的一致性 [b]				
	数据采集、传输设备电源 [b]				

巡检人员签字：

异常情况处理记录

本周巡检情况小结	（负责人签字）：
	日期：　　　年　月　日

注：正常请打"√"；不正常请打"×"并及时处理并做相应记录；未检查则不用标识。
[a] 为每天需要检查的；
[b] 为每 7 d 至少进行一次的维护；
[c] 为每 30 d 天至少进行一次的维护；
[d] 为每季度至少进行一次的维护。

表 1-6　水污染源在线监测仪器参数设置记录

仪器名称					
测量原理					
分析方法					
参数类型	参数名称	原始值	修改值	修改原因	修改日期
工作曲线	测量量程				
	工作曲线斜率（k）				
	工作曲线截距（b）				
消解条件	消解温度 /℃				
	消解时间 /min				
	消解压力 /kPa				
冷却条件	冷却温度 /℃				
	冷却时间 /min				
显色条件	显色温度 /℃				
	显色时间 /min				
测定单元	光度计波长 /nm				
	光度计零点信号值				
	光度计量程信号值				
	滴定溶液浓度 /（mg/L）				

测定单元	滴定终点判定方式				
	电极响应时间 /s				
	电极测量时间 /s				
分析试样	蠕动泵管管径 /mm				
	蠕动泵进样时间 /s				
	标样核查浓度 /（mg/L）				
	注射泵单次体积 /mL				
	注射泵次数 / 次				
试剂（1）	泵管管径 /mm				
	进样时间 /s				
	单次体积 /mL				
	次数 / 次				
试剂（……）	泵管管径 /mm				
	进样时间 /s				
	单次体积 /mL				
	次数 / 次				
测定单元	电极信号				
校正液	零点校正液浓度 /（mg/L）				
	量程校正液浓度 /（mg/L）				
报警限值	报警上限 /（mg/L）				
	报警下限 /（mg/L）				
明渠流量计	堰槽型号				
	测量量程				
	流量公式				
测量间隔	……				
水质自动采样系统	流量等比例采样设定				
	时间等比例采样设定				
	留样保存温度				
其他参数	……				

说明：

记录人：

日期：

144

表 1-7 标样核查及校准结果记录

站点名称			仪器名称			
维护管理单位			型号及编号			
本次标样核查情况			校准情况		下次标样核查情况	
核查时间	核查结果	是否合格	校准时间	是否通过	下次核查时间	是否通过
备注：如经过校准后标样核查仍未通过，请重新重复上述流程						
实施人：						
核查审批			签字： 年 月 日			

表 1-8 检修记录表 1

设备名称		规格型号		设备编号	
安装时间		安装地点			
维护管理单位					
故障情况及发生时间	仪器设备管理员： 日期： 维修人： 日期：				
修复后使用前校验时间、校验结果说明	校验人： 日期：				
正常投入使用时间	仪器设备管理员： 日期： 负责人： 日期：				

表 1-9　检修记录表 2

站点名称		停机时间	
水质自动采样系统	检修情况描述		
	更换部件 1		
	更换部件 2		
化学需氧量自动分析仪	设备型号及编号		
	检修情况描述		
	更换部件 1		
	更换部件 2		
氨氮自动分析仪	设备型号及编号		
	检修情况描述		
	更换部件		
其他设备	设备型号及编号		
	检修情况描述		
	更换部件		
流量计	设备型号及编号		
	检修情况描述		
	更换部件		
数据采集传输仪	设备型号及编号		
	检修情况描述		
	更换部件		
站房清理			
停机检修情况总结：			
检修人：		离站时间：	

表 1-10　易耗品更换记录

设备名称		规格型号		设备编号	
维护管理单位		安装地点		维护保养人	
序号	易耗品名称	规格型号	单位	数量	更换原因说明（备注）
维护保养人：		时间：		核查人：	时间：

表 1-11　标准样品更换记录

设备名称			规格型号		设备编号		
运行单位			安装地点		运行人员		
序号	标准样品名称	标准样品浓度	配制时间	更换时间	数量	配制人员	更换人员
1							
2							
3							
4							
5							
6							
7							
8							
9							
运行人员：		时间：		核查人：		时间：	

表 1-12　实际水样比对试验结果记录

	运行方代表			业主方代表		日期	
序号	在线监测仪器测定结果	比对方法测定结果		比对方法测定结果平均值	测定误差	是否合格	
		1	2				
1							
2							
3							
4							
5							
6							

1.7.8　技术考核

运行考核从参数设置和管理、检查维护、自动标样核查、自动校准、比对试验、检修和故障处理、比对监测以及记录与档案等方面考核，运行工作考核方法见表 1-13。技术考核成绩作为评定运营单位工作质量的重要依据，考核所涉及标准均参考 HJ 355—2019。

表 1-13　运行工作检查

检查内容要求		备注
仪器参数设置及数据上报	在线仪器参数设置	符合 HJ 355—2019 第 5 部分"在线仪器参数管理要求"和"在线仪器参数设置要求"的相关要求
	仪器性能技术指标	保证在线监测仪器的性能技术指标符合 HJ 355—2019 表 1、表 2 的相关要求
	采样方式、测量频次与数据上报	符合 HJ 355—2019 第 6 部分"采样方式及数据上报要求"的相关要求
检查维护	站房、辅助设备	保持站房清洁，保证监测站房内的温度、湿度满足仪器正常运行的需求，辅助设备工作正常
	采水、排水及内部管路	定期维护和清洁，保证内部管路通畅，防止堵塞和泄漏
	在线监测仪	定期清洗、定期更换试剂、定期更换易损耗件、定期校准仪器
	电路、通信系统	保持电路、通信系统正常工作
	记录表格	各记录完整、规范
运行技术和质控	标样自动核查和自动校准	符合 HJ 355—2019 第 8 部分"自动标样核查和自动校准"的相关要求
	比对试验	符合 HJ 355—2019 第 8 部分"实际水样比对试验"的相关要求
	超声波明渠流量计比对	符合 HJ 355—2019 第 8 部分"超声波明渠流量计"的相关要求
系统检修和故障处理		按 HJ 355—2019 第 9 部分要求对系统进行检修和故障处理，在更换新的仪器或修复后的仪器在运行之前按规定进行必要的检测和校准，各项指标达到要求
比对监测		比对监测结果应符合 HJ 355—2019 表 1 的要求 比对监测前仪器参数设置符合 HJ 355—2019 10.2"比对监测要求"的相关要求
运行档案与记录	档案	符合 HJ 355—2019 第 11 部分"运行档案与记录"的相关要求
	资料	

1.8　固定污染源烟气排放连续监测系统的运行管理

1.8.1　日常运行管理

CEMS 运维单位应根据 CEMS 使用说明书和 HJ 75—2017 的要求编制仪器运行管

理规程，确定系统运行操作人员和管理维护人员的工作职责。运维人员应当熟练掌握烟气排放连续监测仪器设备的原理、使用和维护方法。CEMS 日常运行管理应包括日常巡检、日常维护和保养、校准和校验。

CEMS 日常运行质量保证是保障 CEMS 正常稳定运行、持续提供有质量保证监测数据的必要手段。当 CEMS 不能满足技术指标而失控时，应及时采取纠正措施，并应缩短下一次校准、维护和校验的间隔时间。

（1）日常巡检

日常巡检是运行维护工作的第一道工序，主要目的是检查 CEMS 及辅助设施的运行状态，同时检查巡检周期内的历史数据，确认其有效性。

CEMS 运维单位应根据 HJ 75—2017 和仪器使用说明中的相关要求制定巡检规程，并严格按照规程开展日常巡检工作且做好记录。日常巡检记录应包括检查项目、检查日期、被检项目的运行状态等内容，每次巡检应记录并归档。CEMS 日常巡检时间间隔不超过 7 d。

日常巡检可按表 1-14～表 1-16 的形式记录。

表 1-14 完全抽取法 CEMS 日常巡检记录

企业名称：　　　　　　　　　　　　　　　　　　　巡检日期：　年　月　日

气态污染物 CEMS 生产商：	气态污染物 CEMS 规格型号：
颗粒物 CEMS 生产商：	颗粒物 CEMS 规格型号：
安装地点：	维护单位：

运行维护内容及处理说明

项目	内容	维护情况	备注
维护预备	查询日志（1）		
	检查耗材（1）		
辅助设备检查	站房卫生（1）		
	站房门窗的密封性检查（1）		
	供电系统（稳压、UPS 等）(1)		
	室内温湿度（1）		
	空调（1）		
	空气压缩机压力（1）		
	压缩机排水（1）		

项目	内容	维护情况	备注
气态污染物监测设备检查	采样管路气密性检查（3）		
	清洗采样探头、过滤装置、采样泵（3）		
	探头、管路加热温度检查（1）		
	采样系统流量（1）		
	反吹过滤装置、阀门检查（1）		
	手动反吹检查（1）		
	采样泵流量（1）		
	制冷器温度（1）		
	排水系统、管路冷凝水检查（1）		
	空气过滤器（1）		
	标气有效期、钢瓶压力检查（1）		
	烟气分析仪状态检查（1）		
	烟气分析仪校准（2）		
	测量数据检查（1）		
	全系统校准（4）		
	系统校验（5）		
颗粒物监测设备检查	鼓风机、空气过滤器检查（3）		
	分析仪的光路检查、清洗（3）		
	监测数据检查（1）		
	校准（3）		
流速监测系统检查	探头检查（4）		
	反吹装置（3）		
	测量传感器（3）		
	流速、流量、烟道压力测量数据（1）		
其他烟气监测参数	氧含量测量数据（1）		
	温度测量数据（1）		
	湿度测量数据（1）		
数据传输装置	通信线的连接（1）		
	传输设备电源（1）		
巡检人员签字			

项目	内容	维护情况	备注
异常情况处理记录			

注：正常请打"√"；不正常请打"×"并及时处理并做相应记录；未检查则不用标识。

括号中的数字"1"为每 7 d 至少进行一次的维护，"2"为每 15 d 至少进行一次的维护，"3"为每 30 d 至少进行一次的维护，"4"为每 90 d 至少进行一次的维护，"5"为每 90 d（无自动校准功能）或每 180 d（有自动校准功能）至少进行一次的维护。

表 1-15　稀释采样法 CEMS 日常巡检记录

企业名称：　　　　　　　　　　　　　　　　　　巡检日期：　　年　月　日

气态污染物 CEMS 设备生产商：	气态污染物 CEMS 规格型号：
颗粒物 CEMS 设备生产商：	颗粒物 CEMS 规格型号：
安装地点：	维护单位：

运行维护内容及处理说明

项目	内容	维护情况	备注
维护预备	查询日志（1）		
	检查耗材（1）		
辅助设备检查	站房卫生（1）		
	站房门窗的密封性检查（1）		
	供电系统（稳压、UPS 等）（1）		
	室内温湿度（1）		
	空调（1）		
	空气压缩机压力（1）		
	压缩机排水（1）		
气态污染物监测设备检查	采样管路气密性检查（3）		
	清洗采样探头过滤装置（3）		
	加热装置温度检查（1）		
	稀释气压力、真空度压力（1）		
	吸附剂、干燥剂（1）		
	稀释探头控制器（1）		
	反吹过滤装置、阀门检查（1）		

续表

项目	内容	维护情况	备注
气态污染物监测设备检查	手动反吹检查（1）		
	标气有效期、钢瓶压力检查（1）		
	分析仪采样泵流量检查（1）		
	分析仪耗材（1）		
	分析仪状态（1）		
	分析仪校准（2）		
	测量数据检查（1）		
	全系统校准（4）		
	系统校验（5）		
颗粒物监测设备检查	鼓风机、空气过滤器检查（3）		
	分析仪的光路检查（3）		
	监测数据检查（1）		
	校准（3）		
流速监测系统检查	探头检查（4）		
	反吹装置（3）		
	测量传感器（3）		
	流速、流量、烟道压力测量数据（1）		
其他烟气监测参数	氧含量测量数据检查（1）		
	温度测量数据检查（1）		
	湿度测量数据检查（1）		
数据传输装置	通信线的连接（1）		
	传输设备电源（1）		
巡检人员签字			
异常情况处理记录			

注：正常请打"√"；不正常请打"×"并及时处理并做相应记录；未检查则不用标识。

括号中的数字"1"为每 7 d 至少进行一次的维护，"2"为每 15 d 至少进行一次的维护，"3"为每 30 d 至少进行一次的维护，"4"为每 90 d 至少进行一次的维护，"5"为每 90 d（无自动校准功能）或每 180 d（有自动校准功能）至少进行一次的维护。

表 1-16　直接测量法 CEMS 日常巡检记录

企业名称：　　　　　　　　　　　　　　　　　巡检日期：　年　月　日

气态污染物 CEMS 设备生产商：	气态污染物 CEMS 设备规格型号：
颗粒物 CEMS 设备生产商：	颗粒物 CEMS 设备规格型号：
安装地点：	维护单位：

运行维护内容及处理说明

项目	内容	维护情况	备注
维护预备	查询日志（1）		
	检查耗材（1）		
辅助设备检查	站房卫生（1）		
	站房门窗的密封性检查（1）		
	供电系统（稳压、UPS 等）（1）		
	室内温湿度（1）		
	空调（1）		
	空气压缩机压力（1）		
	压缩机排水（1）		
气态污染物监测设备检查	净化风机检查（1）		
	过滤器及管路检查（1）		
	标气的有效期、钢瓶压力检查（1）		
	测量数据检查（1）		
	分析仪状态（1）		
	测量探头（3）		
	分析仪校准（3）		
	系统校验（5）		
颗粒物监测设备检查	监测数据检查（1）		
	鼓风机、空气过滤器检查（3）		
	分析仪的光路检查（3）		
	校准（3）		
流速监测系统检查	流速、流量、烟道压力测量数据（1）		
	反吹装置（3）		
	测量传感器（3）		
	探头检查（4）		

续表

项目	内容	维护情况	备注
其他烟气监测参数	氧含量测量数据检查（1）		
	温度测量数据检查（1）		
	湿度测量数据检查（1）		
数据传输装置	通信线的连接（1）		
	传输设备电源（1）		
巡检人员签字			
异常情况处理记录			

注：正常请打"√"；不正常请打"×"并及时处理并做相应记录；未检查则不用标识。

括号中的数字"1"为每7 d至少进行一次的维护，"2"为每15 d至少进行一次的维护，"3"为每30 d至少进行一次的维护，"4"为每90 d至少进行一次的维护，"5"为每90 d（无自动校准功能）或每180 d（有自动校准功能）至少进行一次的维护。

（2）日常维护和保养

应根据CEMS说明书的要求对CEMS系统保养内容、保养周期或耗材更换周期等作出明确规定，每次保养情况应记录并归档。每次进行备件或材料更换时，更换的备件或材料的品名、规格、数量等应记录并归档。如更换有证标准物质或标准样品，还需记录新标准物质或标准样品的来源、有效期和浓度等信息。对日常巡检或维护保养中发现的故障或问题，系统管理维护人员应及时处理并记录。

CEMS运行过程中的定期维护是日常巡检的一项重要工作，维护频次按照表1-14～表1-16的说明进行，定期维护应做到：

①污染源停运到开始生产前应及时到现场清洁光学镜面。

②定期清洗隔离烟气与光学探头的玻璃视窗，检查仪器光路的准直情况；定期对清吹空气保护装置进行维护，检查空气压缩机或鼓风机、软管、过滤器等部件。

③定期检查气态污染物CEMS的过滤器、采样探头和管路的结灰和冷凝水情况、气体冷却部件、转换器、泵膜老化状态。

④定期检查流速探头的积灰和腐蚀情况、反吹泵和管路的工作状态。

⑤定期维护记录按表1-14～表1-16的形式记录。

（3）校准和检验

应制定CEMS系统的日常校准和校验操作规程。校准和校验记录应及时归档。

1）定期校准

CEMS运行过程中的定期校准是质量保证中的一项重要工作，定期校准应做到：

154

①具有自动校准功能的颗粒物 CEMS 和气态污染物 CEMS 每 24 h 至少自动校准一次仪器零点和量程，同时测试并记录零点漂移和量程漂移。

②无自动校准功能的颗粒物 CEMS 每 15 d 至少校准一次仪器的零点和量程，同时测试并记录零点漂移和量程漂移。

③无自动校准功能的直接测量法气态污染物 CEMS 每 15 d 至少校准一次仪器的零点和量程，同时测试并记录零点漂移和量程漂移。

④无自动校准功能的抽取式气态污染物 CEMS 每 7 d 至少校准一次仪器零点和量程，同时测试并记录零点漂移和量程漂移。

⑤抽取式气态污染物 CEMS 每 3 个月至少进行一次全系统的校准。要求零气和标准气体从监测站房发出，经采样探头末端与样品气体通过的路径（应包括采样管路、过滤器、洗涤器、调节器、分析仪表等）一致，进行零点和量程漂移、示值误差和系统响应时间的检测。

⑥具有自动校准功能的流速 CMS 每 24 h 至少进行一次零点校准，无自动校准功能的流速 CMS 每 30 d 至少进行一次零点校准。

⑦仪器经过维修后，在正常使用和运行之前应确保维修内容全部完成，性能通过检测程序，对仪器进行校准检查。

⑧校准技术指标应满足表 1-17 要求。定期校准记录按表 1-18 的形式记录。

表 1-17　CEMS 失控数据的判别

项目	CEMS 类型		校准功能	校准周期	水平	技术指标要求	失控指标	样品数/对
定期校准	颗粒物 CEMS		自动	24 h	零点漂移	不超过 ±2.0%F.S.	超过 ±8.0%F.S.	—
					量程漂移	不超过 ±2.0%F.S.	超过 ±8.0%F.S.	
			手动	15 d	零点漂移	不超过 ±2.0%F.S.	超过 ±8.0%F.S.	
					量程漂移	不超过 ±2.0%F.S.	超过 ±8.0%F.S.	
	气态污染物 CEMS	抽取测量/直接测量	自动	24 h	零点漂移	不超过 ±2.5%F.S.	超过 ±5.0%F.S.	—
					量程漂移	不超过 ±2.5%F.S.	超过 ±10.0%F.S.	
		抽取测量	手动	7 d	零点漂移	不超过 ±2.5%F.S.	超过 ±5.0%F.S.	
					量程漂移	不超过 ±2.5%F.S.	超过 ±10.0%F.S.	
		直接测量	手动	15 d	零点漂移	不超过 ±2.5%F.S.	超过 ±5.0%F.S.	
					量程漂移	不超过 ±2.5%F.S.	超过 ±10.0%F.S.	

续表

项目	CEMS 类型	校准功能	校准周期	水平	技术指标要求	失控指标	样品数/对
定期校准	流速 CMS	自动	24 h	零点漂移	不超过 ±3.0% F.S. 或绝对误差不超过 ±0.9 m/s	超过 ±8.0%F.S. 或绝对误差超过 ±1.8 m/s	—
		手动	30 d	零点漂移	不超过 ±3.0%F.S. 或绝对误差不超过 ±0.9 m/s	超过 ±8.0%F.S. 或绝对误差超过 ±1.8 m/s	—
定期校验	颗粒物 CEMS		180 d	准确度	满足 HJ 75—2017 9.3.8 规定	超过 HJ 75—2017 9.3.8 规定范围	5
	气态污染物 CEMS						9
	流速 CMS						5

表 1-18　CEMS 零点/量程漂移与校准记录

企业名称：　　　　　　　　　　　　安装地点：

气态污染物 CEMS 设备生产商		气态污染物 CEMS 设备规格型号		校准日期	
颗粒物 CEMS 设备生产商		颗粒物 CEMS 设备规格型号		校准开始时间	
安装地点		维护管理单位			

SO_2 分析仪校准

分析仪原理			分析仪量程		计量单位	
零点漂移校准	零气浓度值	上次校准后测试值	校前测试值	零点漂移 %F.S.	仪器校准是否正常	校准后测试值
量程漂移校准	标气浓度值	上次校准后测试值	校前测试值	量程漂移 %F.S.	仪器校准是否正常	校准后测试值

NO_x 分析仪校准

分析仪原理			分析仪量程		计量单位	
零点漂移校准	零气浓度值	上次校准后测试值	校前测试值	零点漂移 %F.S.	仪器校准是否正常	校准后测试值
量程漂移校准	标气浓度值	上次校准后测试值	校前测试值	量程漂移 %F.S.	仪器校准是否正常	校准后测试值

O₂ 分析仪校准

分析仪原理			分析仪量程		计量单位		
零点漂移校准	零气浓度值	上次校准后测试值	校前测试值	零点漂移 %F.S.	仪器校准是否正常	校准后测试值	
量程漂移校准	标气浓度值	上次校准后测试值	校前测试值	量程漂移 %F.S.	仪器校准是否正常	校准后测试值	

颗粒物测量仪校准

分析仪原理			分析仪量程		计量单位		
零点漂移校准	零气浓度值	上次校准后测试值	校前测试值	零点漂移 %F.S.	仪器校准是否正常	校准后测试值	
量程漂移校准	标气浓度值	上次校准后测试值	校前测试值	量程漂移 %F.S.	仪器校准是否正常	校准后测试值	
校准人：		校准结束时间：					

2）定期校验

校验是指用参比方法对 CEMS（含取样系统、分析系统）检测结果进行相对准确度、相关系数、置信区间、允许区间、相对误差、绝对误差等的比对检测过程。

CEMS 投入使用后，燃料、除尘效率的变化、水分的影响、安装点的振动等都会对测量结果的准确性产生影响。定期校验应做到：

①有自动校准功能的测试单元每 6 个月至少做一次校验，没有自动校准功能的测试单元每 3 个月至少做一次校验；校验用参比方法和 CEMS 同时段数据进行比对，按 HJ 75—2017 的 9.3 进行。

②校验结果应符合表 1-17 要求；不符合时，则应扩展为对颗粒物 CEMS 的相关系数的校正或 / 和评估气态污染物 CEMS 的准确度或 / 和流速 CMS 的速度场系数（或相关性）的校正，直到 CEMS 达到 HJ 75—2017 的 9.3.8 要求。

③污染源停运且停运 CEMS 的，应在污染源启运前提前启运 CEMS，并在污染源启运后的两周内进行校验。

④定期校验按表 1-19 的形式记录。

表 1-19　CEMS 校验测试记录

企业名称：

CEMS 供应商：

CEMS 主要仪器型号				
仪器名称	设备型号	制造商	测试项目	测量原理

CEMS 安装地点			维护管理单位		
本次校验日期			上次校验日期		

颗粒物校验					
监测时间	参比方法测定值 / （mg/m³）	CEMS 测定值 / （mg/m³）	□相对误差 □绝对误差	评价标准	评价结果
平均值					

SO₂ 校验					
监测时间	参比方法测定值 □ μmol/mol □ mg/m³	CEMS 测定值 □ μmol/mol □ mg/m³	□相对准确度 □相对误差 □绝对误差	评价标准	评价结果
平均值					

续表

监测时间	参比方法测定值 □ μmol/mol □ mg/m³	CEMS 测定值 □ μmol/mol □ mg/m³	□相对准确 □相对误差 □绝对误差	评价标准	评价结果
平均值					

NOₓ校验 表头

O₂ 校验

监测时间	参比方法 测定值 /%	CEMS 测定值 / %	□相对准确度 □绝对误差	评价标准	评价结果
平均值					

流速校验

监测时间	参比方法测定值 / （m/s）	CEMS 测定值 / （m/s）	□相对误差 □绝对误差	评价标准	评价结果
平均值					

烟温校验					
监测时间	参比方法测定值 /℃	CEMS 测定值 /℃	绝对误差 /℃	评价标准	评价结果
				不超过 ±3℃	
平均值					

湿度校验					
监测时间	参比方法测定值 /%	CEMS 测定值 /%	□相对误差 □绝对误差	评价标准	评价结果
	平均值:	平均值:			

检验结论	如校验合格前对系统进行过处理、调整、参数修改，请说明：
	如校验后，颗粒物测量仪、流速仪的原校正系统改动，请说明：
	总体校验是否合格：

所用标准气体		
标准气体名称	浓度值	生产厂商名称

参比方法测试设备			
测试项目	测试设备生产商	测试设备型号	方法依据

检验人员：

负责人：　　　　　　　　　时间：　　年　月　日

1.8.2　质量保证

（1）安装质量保证

当对颗粒物CEMS日常运行过程中相关技术指标不满足标准规范要求时，应做以下检查：

①安装位置和现场配套环境条件；

②参比方法的测试过程；

③采样位置；

④采样仪器的可靠性；

⑤固定污染源运行状况，特别是净化设施的运行状况；

⑥颗粒物组成、分布的变化；

⑦校准数据的数量和数据的分布。

经检查排除安装位置以外的其他原因时，应选择符合要求的位置安装CEMS，重新进行检测。

原则上要求一个固定污染源安装一套CEMS。若一个固定污染源排气先通过多个烟道或管道后进入该固定污染源的总排气管时，应尽可能将CEMS安装在总排气管上，但要便于用参比方法校准颗粒物CEMS和烟气流速连续监测系统；不得只在其中的一个烟道或管道上安装CEMS，并将测定值作为该源的排放结果；但允许在每个烟道或管道上安装相同的监测系统。

污染源排放烟囱或烟道设置的采样平台和爬梯应符合HJ 75—2017的相关要求，采样平台应易于到达，有足够的工作空间，安全且便于操作；必须牢固并有符合要求的安全措施；采样平台设置在高空时，应有通往平台的折梯、旋梯或升降梯。

气态污染物CEMS准确度达不到要求，应查明原因并及时解决；若无法查明原因，可按式（1-1）和式（1-2）对CEMS测量数据进行调节；经调节仍不能准确测量时，应选择有代表性的位置安装 CEMS，重新进行检测。

$$\mathrm{CEMS_{ad} = CEMS \times E_{ac}} \tag{1-1}$$

式中：$\mathrm{CEMS_{ad}}$——CEMS 调节后的数据，ppm（$\mathrm{mg/m^3}$）；

$\quad\quad$ CEMS——CEMS 测量数据，ppm（$\mathrm{mg/m^3}$）；

$\quad\quad$ E_{ac}——偏差调节系数。

$$E_{ac} = 1 - \frac{\overline{d}}{\overline{\mathrm{CEMS}}} \tag{1-2}$$

式中：$\overline{d}$——CEMS 与参比方法测量各数据对差的平均值，ppm（$\mathrm{mg/m^3}$）；

$\quad\quad$ $\overline{\mathrm{CEMS}}$——CEMS 全部数据对测量结果的平均值，ppm（$\mathrm{mg/m^3}$）。

（2）核查质量保证

CEMS 定期校准时应使用有证国家一、二级标准气体，其扩展不确定度不超 2%，并在有效期内使用；高压钢瓶标准气体的残压低于 0.5 MPa 时，应立即更换；对标准物质供应商进行定期评审，确保其提供的产品持续符合运行服务要求。

校准时与正常采样时的分析仪进样流量应保持一致。

为消除系统误差，应采用全系统校准的方式开展定期校准工作，同时应定期开展组分丢失率检测，当组分丢失过大时应对采样系统和预处理进行清理维护或更换。

CEMS 定期校验应在固定污染源正常排放污染物条件下进行。开展校验工作时，必须有专人负责监督工况。应使用等速跟踪烟尘采样器进行颗粒物手工采样及颗粒物 CEMS 相关校准和准确度测试，初检和复检应尽可能使用同一台采样器和同一根采样枪。在测量前进行流量和气密性等运行检查，保证采样器功能正常。使用参比方法测量断面颗粒物样品的采样、称量和计算过程应符合 GB/T 16157、HJ 836 及其他相关国家标准的要求。

为了保证获得气态污染物参比方法与 CEMS 在同时间区间的测定数据，对于完全抽取式和稀释抽取式气态污染物 CEMS，必要时可扣除参比方法测量气态污染物到达污染物检测器的时间（滞后时间）和 CEMS 的管路传输时间。气态污染物到达污染物检测器的时间可按式（1-3）估算。

$$t = V/Q_{si} \tag{1-3}$$

式中：t——滞后时间，min；

$\quad\quad$ V——导气管的体积，L；

$\quad\quad$ Q_{si}——气体通过导气管的流速，L/min。

参比测量方法应采用国家或行业发布的标准分析方法。气态污染物参比方法测试可采用仪器分析法；仪器分析法测量气态污染物时，采样测量前、后均需用标准气体进行校准或校验。

对于完全抽取式和稀释抽取式气态污染物 CEMS，当进行零点和量程校准时，原则上要求零气和标准气体与样品气体通过的路径（如采管、过滤器、洗涤器、调节器）相同。

对于直接测量式气态污染物 CEMS，当进行零点和量程校准时，原则上要求导入流动零气和标准气体进行校准。

颗粒物 CEMS 相关校准时，应协调和记录参比方法取样和颗粒物 CEMS 操作的开始和停止的时间。对于间歇取样和测量的颗粒物 CEMS，参比方法取样时间应和颗粒物 CEMS 的取样时间同时开始。必要时，应标记并记录参比方法取样孔改变的时间和参比方法被暂停的时间，以便相应调整颗粒物 CEMS 的数据，分析颗粒物 CEMS 相关校准操作。

（3）运行质量保证

CEMS 至少进行 90 d 的运行，运行期间对 CEMS 质量保证提出以下基本要求。

1）气态污染物 CEMS（含 O_3）

①不超过 15 d 用零气和高浓度标准气体或校准装置校准一次系统零点和量程；

②不超过 3 个月更换一次采样探头滤料，不超过 3 个月更换一次净化稀释空气的除湿、滤尘等材料；

③必须使用在有效期内的标准物质；

④必须每天放空空气压缩机内冷凝水；

⑤直接测量气态污染物 CEMS。

2）颗粒物 CEMS

①具有自动校准功能的系统，应不超过 24 h 自动检测一次系统零点和量程；

②手动校准的系统，应不超过 15 d 用校准装置校正系统的零点和量程；

③不超过 1 个月更换一次空气过滤器；

④不超过 3 个月清洗一次隔离烟气与光学探头的玻璃视窗，检查一次系统光路的准直情况。

3）烟气流速连续测量系统

具有自动校准功能的系统，应不超过 24 h 自动检查一次系统零点和（或）量程。

手动校准的系统，不超过 3 个月从烟道或管道取出测速探头，人工清除沉积在上面的烟尘并用校准装置校正系统的零点和（或）量程。

（4）辅助设施的质量保证

站房内温度应尽量保持稳定，避免空调等设备直吹 CEMS，使分析仪器温度出现较大变化产生漂移。

反吹气应无水、无油、无杂质，压力应在（0.5～0.9）MPa；有条件情况下可对反吹气预热，避免吹扫时温度变化导致水蒸气冷凝干扰测量。

2 数据审核与处理

2.1 水污染源在线监测数据有效性判别、审核和处理

2.1.1 水污染源在线监测系统失控数据的判别

（1）与标准方法比对

可以通过实际水样比对的方法来确认现场设备测定结果与实验室方法是否存在差异。其中水质自动分析仪器以在线模式，以 1 h 为周期，测定实际废水样品 3 个，每个水样平行测定 2 次；实验室按照国家环境监测分析方法标准对相同的水样进行分析，按照公式计算每个水样仪器测定值的算术平均值与实验室测定值的绝对误差或相对误差，每种水样的比对结果均应满足要求。

1）化学需氧量（COD_{Cr}）水质在线自动监测仪

COD_{Cr} 水质自动分析仪测定水质自动采样器采集的混合水样。实验室按照《水质　化学需氧量的测定　重铬酸盐法》（HJ 828）或者《高氯废水　化学需氧量的测定　氯气校正法》（HJ/T 70）进行测定，并按照式（2-1）和式（2-2）进行计算。最终结果判定参照表 2-1。

$$C = x_n - B_n \qquad\qquad （2\text{-}1）$$

$$\Delta C = \frac{x_n - B_n}{B_n} \times 100\% \qquad\qquad （2\text{-}2）$$

式中：C——实际水样比对测试绝对误差，mg/L；

　　ΔC——实际水样比对测试相对误差，%；

　　x_n——第 n 次测量值，mg/L；

　　B_n——第 n 次国家环境监测分析方法的测定值，mg/L；

　　n——比对次数。

2）总有机碳（TOC）水质自动分析仪

TOC 水质自动分析仪测定水质自动采样器采集的混合水样。实验室按照《水质　化学需氧量的测定　重铬酸盐法》（HJ 828）或者《高氯废水　化学需氧量的测定　氯气

校正法》（HJ/T 70）进行测定，并按照式（2-1）和式（2-2）进行计算。TOC 设备在计算测定结果时，应采用此前备案的转换系数。最终结果判定参照表 2-1。

表 2-1 COD_{Cr} 比对技术要求

水样浓度	技术要求
实际水样 COD_{Cr}＜30 mg/L（用浓度为 20～25 mg/L 的标准样品替代实际水样进行实验）	±5 mg/L
30 mg/L＜实际水样 COD_{Cr}＜60 mg/L	±30%
60 mg/L≤实际水样 COD_{Cr}＜100 mg/L	±20%
实际水样 COD_{Cr}＞100 mg/L	±15%

3）氨氮水质自动分析仪

NH_3-N 水质自动分析仪测定水质自动采样器采集的混合水样。实验室按照《水质　氨氮的测定　纳氏试剂分光光度法》（HJ 535）或《水质　氨氮的测定　水杨酸分光光度法》（HJ 536）进行测定，并按照式（2-1）和式（2-2）进行计算。最终结果判定参照表 2-2。

表 2-2 NH_3-N 比对技术要求

水样浓度	技术要求
实际水样 NH_3-N ＜2 mg/L（用浓度为 1.5 mg/L 的标准样品替代实际水样进行实验）	±0.3 mg/L
实际水样 NH_3-N ≥2 mg/L	±15%

4）总磷水质自动分析仪

TP 水质自动分析仪测定水质自动采样器采集的混合水样。实验室按照《水质　总磷的测定　钼酸铵分光光度法》（GB/T 11893）进行测定，并按照式（2-1）和式（2-2）进行计算。最终结果判定参照表 2-3。

表 2-3 TP 比对技术要求

水样浓度	技术要求
实际水样 TP＜0.4 mg/L（用浓度为 0.3 mg/L 的标准样品替代实际水样进行实验）	±0.06 mg/L
实际水样 TP≥0.4 mg/L	±15%

5）总氮水质自动分析仪

TN 水质自动分析仪测定水质自动采样器采集的混合水样。实验室按照《水质　总氮的测定　碱性过硫酸钾消解紫外分光光度法》（HJ 636）进行测定，并按照式（2-1）

165

和式（2-2）进行计算。最终结果判定参照表2-4。

表 2-4　TN 比对技术要求

水样浓度	技术要求
实际水样 TN<2 mg/L （用浓度为 1.5 mg/L 的标准样品替代实际水样进行实验）	±0.3mg/L
实际水样 TN≥2 mg/L	±15%

6）pH 水质自动分析仪和温度

可以通过实际水样比对的方法来确认现场设备测定结果与实验室方法是否存在差异，其中水质自动分析仪器以在线模式，测定实际废水样品 6 个，每个水样平行测定 2 次；实验室按照国家环境监测分析方法标准对相同的水样进行分析，按照公式计算每个水样仪器测定值的算术平均值与实验室测定值的绝对误差或相对误差，每种水样的比对结果均应满足要求。

pH 水质自动分析仪测定瞬时水样。实验室按照《水质　pH 值的测定　玻璃电极法》（GB/T 6920）进行测定，并按照式（2-3）进行计算。最终比对的技术要求为 ±0.5。

$$C = x - B \qquad (2\text{-}3)$$

式中：C——实际水样比对测试绝对误差，量纲一或℃；

　　　x——pH 水质自动分析仪（温度计）测量值，量纲一或℃；

　　　B——实验室标准方法的测定值，量纲一或℃。

（2）质控样试验

采用有证标准样品作为准确度试验考核样品，分别用两种浓度的有证标准样品进行考核，一种为接近实际废水排放浓度的样品，另一种为接近相应排放标准浓度 2~3 倍的样品，水质自动分析仪（pH 水质自动分析仪除外）以离线模式，以 1 h 为周期，每种有证标准样品平行测定 3 次。

按照式（2-4）计算 3 次仪器测定值的算术平均值与有证标准样品标准值的相对误差。两种浓度标准样品测试结果均应满足表 2-5 的要求。

$$\Delta A = \frac{\overline{x} - B}{B} \times 100\% \qquad (2\text{-}4)$$

式中：ΔA——相对误差，mg/L；

　　　B——标准样品标准值，mg/L；

　　　$\overline{x}$——3 次仪器测量值的算术平均值，mg/L。

pH 水质自动分析仪的电极浸入 pH 为 4.008（25℃）的有证标准样品，连续测定

6 次，按照式（2-5）计算 6 次测定值的算术平均值与标准值的误差。

$$A = \bar{x} - B \qquad (2\text{-}5)$$

式中：A——误差；

B——标准溶液标准值；

$\bar{x}$——6 次仪器测量值的算术平均值。

表 2-5 质控样试验要求

仪器类型	测定项目	指标要求
COD_{Cr}	有证标准溶液浓度＜30 mg/L	±5 mg/L
	有证标准溶液浓度≥30 mg/L	±10%
$NH_3\text{-}N$	有证标准溶液浓度＜2 mg/L	±0.3 mg/L
	有证标准溶液浓度≥2 mg/L	±10%
TP	有证标准溶液浓度＜0.4 mg/L	±0.06 mg/L
	有证标准溶液浓度≥0.4 mg/L	±10%
TN	有证标准溶液浓度＜2 mg/L	±0.3 mg/L
	有证标准溶液浓度≥2 mg/L	±10%
pH	有证标准溶液浓度	±0.5

（3）日常校验

选用浓度约为现场工作量程上限值 0.5 倍的标准样品定期进行自动标样核查。如果自动标样核查结果不满足核查的规定，则应对仪器进行自动校准。仪器自动校准完后应使用标准溶液进行验证（可使用自动标样核查代替该操作），验证结果应符合示值误差不超过 ±10%，如不符合则应重新进行一次校准和验证，6 h 内如仍不符合规定，则应进入人工维护状态。标样自动核查按式（2-4）计算。

在线监测仪器自动校准及验证时间如果超过 6 h 则应采取人工监测的方法向相应环境保护主管部门报送数据，数据报送每天不少于 4 次，间隔不得超过 6 h。

自动标样核查周期最长间隔不得超过 24 h，校准周期最长间隔不得超过 168 h。

（4）数据有效性

1）数据有效性判别流程

水污染源在线监测系统的运行状态分为正常采样监测时段和非正常采样监测时段。正常采样监测时段获取的监测数据，根据 HJ 356—2019 第 5 章、第 6 章规定的数据有效性判别标准，进行有效性判别。

非正常采样监测时段包括仪器停运时段、故障维修或维护时段、校准校验时段，在此期间，无论在线监测系统是否获得或输出监测数据，均为无效数据。

水污染源在线监测系统数据有效性判别流程见图 2-1。

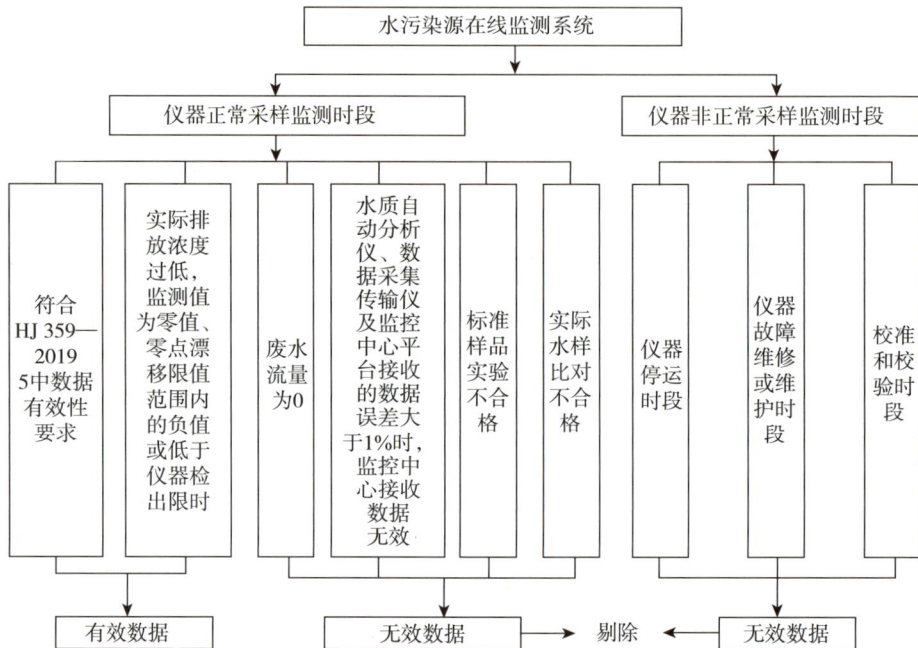

图 2-1　水污染源在线监测系统数据有效性判别流程

2）有效数据判别

①正常采样监测时段获取的监测数据，满足 HJ 356—2019 第 5 章规定的数据有效性判别标准，可判别为有效数据。

②监测值为零值、零点漂移限值范围内的负值或低于仪器检出限时，需要通过现场检查、实际水样比对试验、标准样品试验等质控手段来识别，对于因实际排放浓度过低而产生的上述数据，仍判断为有效数据。

③监测值如出现急剧升高、急剧下降或连续不变时，需要通过现场检查、实际水样比对试验、标准样品试验等质控手段来识别，再做判别和处理。

④水污染源在线监测系统的运维记录中应当记载运行过程中报警、故障维修、日常维护、校准等内容，运维记录可作为数据有效性判别的证据。

⑤水污染源在线监测系统应可调阅和查看详细的日志，日志记录可作为数据有效性判别的证据。

3）无效数据判别

①当流量为零时，在线监测系统输出的监测值为无效数据。

②水质自动分析仪、数据采集传输仪以及监控中心平台接收到的数据误差大于1%时，监控中心平台接收到的数据为无效数据。

③发现标准样品试验不合格、实际水样比对试验不合格时，从此次不合格时刻至上次校准校验（自动校准、自动标样核查、实际水样比对试验中的任何一项）合格时刻期间的在线监测数据均判断为无效数据；从此次不合格时刻起至再次校准校验合格时刻期间的数据，作为非正常采样监测时段数据，判断为无效数据。

④水质自动分析仪停运期间、因故障维修或维护期间、有计划（质量保证和质量控制）的维护保养期间、校准和校验等非正常采样监测时间段内输出的监测值为无效数据；但对该时段数据做标记，作为监测仪器检查和校准的依据予以保留。

⑤判断为无效的数据应注明原因，并保留原始记录。

（5）校准结果判断及处理

根据 HJ 355 的要求，自动设备校准周期最长间隔不得超过 168 h。校准完成后可通过以下几种方式确认设备校准结果是否合适。

1）比较设备校准前后的斜率和截距变化情况，如果设备一直处于正常运行状态，那么每次进行校准后的截距斜率应该变化很小，变动范围应满足截距和斜率的备案范围；

2）校准完成后可以进行标液核查，如果标液核查结果符合示值误差 ±10% 的要求，那么设备校准结果应当合格。

如果校准结果的截距斜率变化较大，或标液核查结果出现偏差，则需要检查校准用的试剂和标液，确认偏差原因后视情况重新进行校准。

2.1.2 缺失数据、异常数据的标记和处理

（1）停排判定及处理规则

统计时段内以监控点为单位进行判定，企业或属地生态环境部门录入停排记录的，以录入停排记录为准，视为停排；未录入停排记录的，企业基本信息勾选间歇性排放时，以设置的停排期间流量上限，判定停排，未设置流量上限的流量在 1 m³ 以下的时段视为停排；企业基本信息勾选连续排放时，以录入的"停排"判定；未上传数据且未录入停排记录时，视为停排。停排状态下排放量数据不参与统计分析。

（2）浓度值异常判定及处理规则

当自动监测数据上报数据标记或实施人工标记时（维护、校准、核查比对等），按照 HJ 356 或相关标记规则判定异常数据；未上报数据标记或未进行人工标记的，当主要污染物浓度值大于规定的污染物浓度异常上限时，认定为异常数据；连续排放时，

流量为零时，认定输出的监测值为异常数据；当浓度数据出现负值时，视为异常数据，浓度和排放量按零值替换。

（3）进水口监控点判定及处理规则

针对部分未在"重点污染源自动监控与基础数据库系统"标记为"进水口"的企业，对监控点名称中包含"进水""入水""进口""入口""水进口""水入口"进行识别，认定为非末端监控点，并不参与数据统计。

（4）排放量异常判定及处理规则

1）零值、负值判定及处理规则

仪器正常采样期间，当流量为零时，在线监测系统输出的监测值为无效数据。

注意：监测值为零值、零点漂移限值范围内的负值或低于仪器检出限，并判断为有效数据时，应采用修正后的值参与统计。修正规则为：COD_{Cr} 修正值为 2 mg/L、NH_3-N 修正值为 0.01 mg/L、TP 修正值为 0.005 mg/L、TN 修正值为 0.025 mg/L。

2）逻辑异常判定及处理规则

正常采样监测时段，当监测值判断为无效数据，且无法计算有效日均值时，其污染物日排放量可以用上次校准校验合格时刻前 30 个有效日排放量中的最大值进行替代，污染物浓度和流量不进行替代。

非正常采样监测时段，当监测值判断为无效数据，且无法计算有效日均值时，优先使用人工监测数据进行替代，每天获取的人工监测数据应不少于 4 次，替代数据包括污染物日均浓度、污染物日排放量。如无人工监测数据替代，其污染物日排放量可以用上次校准校验合格时刻前 30 个有效日排放量中的最大值进行替代，污染物浓度和流量不进行替代。

3）极大值判定及处理规则

当重点排放行业排放量数据大于表 2-6 规定的异常上限，判定为异常，并以排放量基准值进行修正。

（5）行业业务参数

行业业务参数指通过行业专家总结的相关参数经验值或 1 年内自动监控数据统计得出的业务参数，行业业务参数需按年、季度进行更新。主要包含排放量上限。

部分主要行业污染物排放量上限：一般情况下，在重点地区（或实施超低排放地区）部分主要行业 3 项污染物排放量异常上限见表 2-6。

表 2-6　部分重点行业日排放量异常上限　　　　　　　单位：kg

行业 / 工艺	化学需氧量日排量	氨氮日排量	总磷日排量	总氮日排量
造纸	3 500	200	50	400
制药	1 000	100	25	400
化工	2 000	200	50	600
化肥	1 200	200	30	500
污水处理厂	5 000	250	65	2 900

2.2　固定污染源烟气排放连续监测系统数据有效性判别、审核及处理

2.2.1　烟气 CEMS 失控数据的判别

（1）校准结果判断及处理

每次对仪器进行校准前，检查一个校准周期内仪器零点、跨度漂移情况，并判断仪器数据是否失控；如失控，则要对仪器进行维护保养或维修，或缩短仪器的校准周期，直至每一个校准周期内仪器零点、跨度漂移在指标内。根据系统校准测试结果，如果技术指标达不到指标要求，则需再对仪器系统进行检查、调试、处理，直至技术指标达到表 2-7 要求为止。

表 2-7　CEMS 失控数据的判别

项目	CEMS 类型		校准功能	校准周期	水平	技术指标要求	失控指标	样品数 / 对
定期校准	颗粒物 CEMS		自动	24 h	零点漂移	不超过 ±2.0%F.S.	超过 ±8.0%F.S.	—
					量程漂移	不超过 ±2.0%F.S.	超过 ±8.0%F.S.	
			手动	15 d	零点漂移	不超过 ±2.0%F.S.	超过 ±8.0%F.S.	
					量程漂移	不超过 ±2.0%F.S.	超过 ±8.0%F.S.	
	气态污染物 CEMS	抽取测量 / 直接测量	自动	24 h	零点漂移	不超过 ±2.5%F.S.	超过 ±5.0%F.S.	
					量程漂移	不超过 ±2.5%F.S.	超过 ±10.0.%F.S.	
		抽取测量	手动	7 d	零点漂移	不超过 ±2.5%F.S.	超过 ±5.0%F.S.	
					量程漂移	不超过 ±2.5%F.S.	超过 ±10.0.%F.S.	
		直接测量	手动	15 d	零点漂移	不超过 ±2.5%F.S.	超过 ±5.0%F.S.	
					量程漂移	不超过 ±2.5%F.S.	超过 ±10.0.%F.S.	

续表

项目	CEMS 类型	校准功能	校准周期	水平	技术指标要求	失控指标	样品数/对
定期校准	流速 CMS	自动	24 h	零点漂移	不超过 ±3.0%F.S. 或绝对误差不超过 ±0.9m/s	超过 ±8.0%F.S. 或绝对误差超过 ±1.8m/s	—
		手动	30 d	零点漂移	不超过 ±3.0%F.S. 或绝对误差不超过 ±0.9m/s	超过 ±8.0%F.S. 或绝对误差超过 ±1.8m/s	—
定期校验	颗粒物 CEMS		180 d	准确度	满足 HJ 75—2017 9.3.8 规定	超过 HJ 75—2017 9.3.8 规定范围	5
	气态污染物 CEMS						9
	流速 CMS						5

（2）校验结果及处理记录

当 CEMS 校验结果不满足表 2-7 技术指标要求时，可参照表 2-8～表 2-10 进行结果分析和处理。

表 2-8　颗粒物 CEMS 技术指标调试检测结果分析和处理方法

测试指标		测试结果	原因分析	处理方法
漂移	零点	超过 ±2%F.S.	1. 安装位置的环境条件，例如，强烈振动、电磁干扰、系统密封缺陷使雨、雪水浸入等；2. 校准器件缺陷、复位重复差、被污染，系统设计缺陷；3. 仪器供电系统缺陷，光源发光不稳定等；4. 计算错误	1. 重新选择符合要求的安装位置；2. 根据查找的原因重新设计；3. 重新计算
	量程	超过 ±2%F.S.		
相关系数		颗粒物浓度>50 mg/m³ 时<0.85 或颗粒物浓度>50 mg/m³ 时<0.70	1. 颗粒物 CEMS：（1）安装位置的代表性；（2）光路的准直；（3）光学镜片的污染和清洁等。2. 调试时的参比方法是否将手工方法测得的烟道断面颗粒物平均浓度与颗粒物 CEMS 测得的点的平均浓度进行比较？3. 数据量和数据分布：数据量是否足够？数据是否分布在颗粒物 CEMS 测量范围上限的 20%～80%？4. 颗粒物的颜色变化大，烟气中含有水雾和水滴等。5. 颗粒物 CEMS 设计缺陷	逐一分析原因，采取相应的对策和措施
CI%（置信区间半宽）		>10%（该排放源检测期间参比方法实测状态均值）		
TI%（允许区间半宽）		>25%（该排放源检测期间参比方法实测状态均值）		

表 2-9　气态污染物 CEMS 技术指标调试检测结果分析和处理方法

测试指标		测试结果	原因分析	处理方法
漂移	零点	超过 ±2.5%F.S.	1. 安装位置的环境条件，例如，强烈振动、电磁干扰、系统密封缺陷使雨、雪水浸入等； 2. 供零点气体和校准气体的流量和气体的质量是否符合要求； 3. 供气系统是否泄漏； 4. 管路吸附； 5. 仪器供电系统缺陷； 6. 计算错误； 7. 抽取位置是否相同	1. 重新选择符合要求的安装位置； 2. 选用合格的零点气体和校准气体； 3. 待仪器读数稳定后再读取和/或记录数据； 4. 更换泄漏管路； 5. 根据查找的原因重新设计； 6. 重新计算； 7. 从相同的位置抽取北侧气体
	量程	超过 ±2.5%F.S.		
系统响应时间		>200 s	1. 滤料被堵塞； 2. 仪器内部管路泄漏； 3. 控制阀损坏； 4. 仪器光学镜片被污染； 5. 仪器检测器系统被污染； 6. 系统设计缺陷； 7. 取样泵真空度不够	1. 更换滤料； 2. 更换管路； 3. 拧紧管接头，更换控制阀； 4. 清洁光学镜片或检测器系统； 5. 重新设计； 6. 更换取样泵
示值误差		超过 HJ 75—2017 限值	1. 仪器性能是否过关； 2. 调试方法是否准确； 3. 校准气体质量，例如，校准气体质量不能溯源到国家级标准气体，超过标准气体的使用期限，校准气体的稳定性差，现场调试检测与仪器出厂前调试仪器的校准气体品质不一致； 4. 管路吸附； 5. 管路泄漏； 6. 供气流量、压力不稳定等	逐一分析原因，采取相应的对策和措施
准确度		超过 HJ 75—2017 限值	1. 点位的代表性； 2. 两种方法测定点位的一致性； 3. 两种方法测定时获取数据的同步性； 4. 校准 CEMS 气体和参比方法的校准气体的一致性； 5. 采样时间等； 6. 管路不加热并有冷凝水，管路漏气，抽气量不足，气体稀释比不稳定等； 7. 参比方法使用仪器质量有问题； 8. 仪器校准方法的缺陷（是否为全程校准）	1. 避开污染物浓度剧烈变化的测定点位； 2. 两种方法测定点位尽可能接近； 3. 扣除烟气样品通过管路到达检测器的时间； 4. 用同一标准气体校准 CEMS 和参比方法； 5. 足够的采样时间； 6 用质量好的参比仪器等； 7. 采取相应的措施； 8. 满足参比仪器使用的条件（预热时间等）； 9. 正确选用 CEMS 监控仪器及校准方法

表 2-10　流速 CMS 技术指标调试检测结果分析和处理方法

测试指标	测试结果	原因分析	处理方法
速度场系数精密度	＞5%	1. 安装位置的代表性差，例如，两股气流交汇处，存在涡流、旋流等； 2. 安装地点强烈振动；	逐一分析原因，采取相应的对策和措施
相关系数	≥9 个数据对时相关系数＜0.90	3. 气流不稳定，变化大； 4. 安装不正确，例如，流速 CMS 正对气流的 S 皮托管与气流的方向不垂直，紧固法兰松动； 5. 流速 CMS 探头被污染或腐蚀； 6. 烟气流速低，仪器灵敏度不能满足测定的要求； 7. 参比方法布设测点的点位和数量以及用参比方法比对时存在操作不当等	

2.2.2　比对监测

比对监测通常有以下 3 种情况：

①验收比对监测，CEMS 安装调试完成后进行；

②生态环境管理部门督查检查，用参比方法开展 CEMS 准确度抽检（比对监测）时，颗粒物、流速、烟温、湿度至少获取 3 个平均值数据对，气态污染物和氧量至少获取 6 个数据对；

③排污企业自行开展，验证 CEMS 监测数据的准确性、有效性，一般每季度 1 次，往往与 CEMS 运行维护中的校验相结合。

2.2.3　缺失数据、异常数据的标记和处理

（1）数据审核

污染源自动监测数据有效性的认定，大致分为两个阶段：一是生态环境管理部门审核，二是排污企业自行审核。

2009 年，环境保护部发布了《国家监控企业污染源自动监测数据有效性审核管理办法》，规定国控企业污染源自动监测设备验收合格后，其正常运行提供的监测数据在一定时段内认定为有效数据；日常运行监督考核合格后至下次运行监督考核，该时段内自动监测设备正常运行提供的监测数据认定为有效数据。国控企业污染源自动监测数据有效性审核工作由市（地）级环境保护部门负责。其中装机容量 30 万 kW 以上的火电厂（包括热电联产电厂）的污染源自动监测数据有效性审核工作由省级环境保护部门负责。

2017 年，中共中央办公厅、国务院办公厅印发《关于深化环境监测改革提高环境监测数据质量的意见》，取消环境保护部门负责的有效性审核，重点排污单位自行开展污染源自动监测的手工比对工作，及时处理异常情况，确保监测数据完整有效。

随后，环境保护部发布了《固定污染源烟气（SO_2、NO_x、颗粒物）排放连续监测技术规范》（HJ 75—2017），从技术上重新定义了有效数据，即符合 HJ 75—2017 的技术指标要求，经验收合格的 CEMS，在固定污染源排放烟气条件下，CEMS 正常运行所测得的数据。下面就根据 HJ 75—2017，对数据审核进行阐述。

①固定污染源生产状况下，经验收合格的 CEMS 正常运行时段为 CEMS 数据有效时间段。CEMS 非正常运行时段（如 CEMS 故障期间、维修期间、超期限未校准时段、失控时段以及有计划的维护保养、校准等时段）均为 CEMS 数据无效时间段。

②污染源计划停运 1 个季度以内的，不得停运 CEMS，日常巡检和维护要求仍按 HJ 75—2017 第 10 章、第 11 章执行；计划停运超过 1 个季度的，可停运 CEMS，但应报当地环保部门备案。污染源启运前，应提前启运 CEMS 系统，并进行校准。在污染源启运后的两周内需要进行校验，满足技术规范中的各项技术指标要求的，视为启运期间自动监测数据有效。

③排污单位应在每个季度前 5 个工作日对上个季度的 CEMS 数据进行审核，确认上个季度所有分钟、小时数据均按照 HJ 75—2017 附录 H 的要求正确标记，计算本季度的污染源 CEMS 有效数据捕集率。上传至监控平台的污染源 CEMS 季度有效数据捕集率应达到 75%[①]。

（2）数据无效时间段数据处理

CEMS 因发生故障需停机进行维修时，其维修期间的数据替代按表 2-11 处理；亦可以用参比方法监测的数据替代，频次不低于 1 天 1 次，直至 CEMS 技术指标调试到符合 HJ 75—2017 中的 9.3.7 和 9.3.8 时为止。如使用参比方法监测的数据替代，则监测过程应按照 GB/T 16157 和 HJ/T 397 的要求进行，替代数据包括污染物浓度、烟气参数和污染物排放量。

CEMS 系统有计划（质量保证/质量控制）的维护保养、校准及其他异常导致的数据无效时段，该时段污染物排放量按照表 2-11 处理，污染物浓度和烟气参数不修约。

---

① 季度有效数据捕集率（%）=（季度小时数－数据无效时段小时数－污染源停运时段小时数）/（季度小时数－污染源停运时段小时数）。

表 2-11　维护期间和其他异常导致的数据无效时段的处理方法

季度有效数据捕集率（α）	连续无效小时数（N）/h	修约参数	选取值
$\alpha \geq 90\%$	$N \leq 24$	二氧化硫、氮氧化物、颗粒物的排放量	失效前 180 个有效小时排放量最大值
	$N > 24$		失效前 720 个有效小时排放量最大值
$75\% \leq \alpha < 90\%$	—		失效前 2 160 个有效小时排放量最大值

CEMS 系统数据失控时段污染物排放量按照表 2-12 进行修约，污染物浓度和烟气参数不修约。CEMS 系统超期未校准的时段视为数据失控时段，污染物排放量按照表 2-12 进行修约，污染物浓度和烟气参数不修约。

表 2-12　失控时段的数据处理方法

季度有效数据捕集率（α）	连续失控小时数（N）/h	修约参数	选取值
$\alpha \geq 90\%$	$N \leq 24$	二氧化硫、氮氧化物、颗粒物的排放量	上次校准前 180 个有效小时排放量最大值
	$N > 24$		上次校准前 720 个有效小时排放量最大值
$75\% \leq \alpha < 90\%$	—		上次校准前 2 160 个有效小时排放量最大值

（3）数据的逻辑性分析

异常数据处理规则包括停运工况判定、异常数据判定、非末端监控点判定、排放量异常判定、自动监测数据逻辑异常判定等，采样连续监测的温室气体（如二氧化碳、甲烷等）也可采用以下规则对异常数据进行处理。

1）停运判定及处理规则

统计时段内以监控点为单位进行判定，企业录入停运记录的，以录入停运记录为准。未录入停运记录的，利用自动上传的"停运"标记判定停运情况；未上传自动标记时结合烟气温度、含氧量、烟气流速 3 项烟气参数判定是否停运，符合停运状态达两项时，视为停运。未上传数据且未录入停运记录时，视为停运。停运状态下排放量数据不参与统计分析。

2）浓度值异常判定及处理规则

当自动监测数据自动上报 CEMS 数据标记或实施人工标记时，按照 HJ 75—2017 或相关标记规则判定异常数据。未自动上报 CEMS 数据标记或未进行人工标记时，当主要污染物实测标干浓度值大于自动监测设备量程上限时（以企业在企业服务端填报的量程上限为准），使用量程上限判定。未设置时，取实际进口浓度或理论进口浓度。未设置上述信息时，取其排放标准的 3 倍作为异常上限判定，认定为异常数据。

排放量均按照基准值进行替换。

当实测标干浓度数据出现负值时，视为异常数据，浓度和排放量按零值替换。

3）非末端监控点判定及处理规则

针对部分未在"重点污染源自动监控与基础数据库系统"标记为"非末端监控点"的企业，对监控点名称中包含"脱硫前"、"原烟气"、"进口"、"入口"（窑头除外）、"脱硝 A 侧"、"脱硝出口"进行识别，认定为非末端监控点，并不参与数据统计。

4）排放量异常判定及处理规则

①负值判定及处理规则：排放量出现负值，视为无效数据，以零值替换。

②逻辑异常判定及处理规则：浓度、流量数据无异常时，对浓度、流量与排放量三者数据按照 HJ 75 要求进行换算，当换算排放量数据相差正负 5% 以上时，视为异常数据，使用计算后数据进行修正。

③极大值判定及处理规则：当重点排放行业排放量数据大于表 2-14 规定的异常上限时，判定为异常，并以排放量基准值进行修正。

5）废气行业业务参数

行业业务参数指通过行业专家总结的相关参数经验值或 1 年内自动监控数据统计得出的业务参数，行业业务参数需按年、季度进行更新。行业业务参数主要包含关键烟气参数和污染物排放量上限。

关键烟气参数：关键烟气参数用于指示企业正常生产（停运）情况的范围，包含氧含量、流速、烟气温度。

①氧含量：一般情况下，针对排放标准规定进行数据过量空气系数折算的行业氧含量大于 19% 视为停运。详见表 2-13。

表 2-13　特定工艺停运期间氧含量限值

类型		基准氧含量 /%	停运限值 /%
65 t/h 以上锅炉	燃煤	6	15
	燃油	3	12
	燃气	15	20
65 t/h 以下锅炉	燃煤	9	18
	燃油	3.5	15
	燃气	3.5	15
水泥行业	水泥窑炉	10	18
焚烧炉	垃圾、医疗废物、危险废物	11	19

②烟气流速：一般情况下，停运期间烟气流速小于 3 m/s。

③烟气温度：一般情况下，停运期间烟气温度为 42℃以下，正常生产期湿法脱硫后烟气温度一般在 45～55℃，如果实施烟气再加热（GGH）工艺，一般达到 80℃。

6）污染物浓度异常上限

主要污染物实测浓度异常上限，取其排放标准的 3 倍。

7）部分主要行业污染物排放量上限

一般情况下，在重点地区（或实施超低排放地区）部分重点行业 3 项污染物排放量异常上限见表 2-14。

表 2-14　部分重点行业日排放量异常上限　　　　　　　　　　　单位：kg

行业／工艺	氮氧化物日排量	二氧化硫日排量	颗粒物日排量
火力发电	2 000	1 000	100
玻璃	1 000	300	100
钢铁行业竖炉、焦炉	1 000	300	200
重点地区钢铁行业球团、烧结	4 000	3 000	400
20 t/h 以下锅炉	50	20	10
20～100 t/h 锅炉	100	40	20
其他	2 000	1 000	200

注：重点地区指京津冀"2+26"城市和汾渭平原，重点地区钢铁行业已实施超低排放。

8）排放量基准值设立规则

以监控点为单位汇总 1 年内正常生产期间流量、污染物浓度、排放量数据，汇总算术平均值、中位数、80% 分位数，以平均值作为各项指标基准值，中位数和 80% 作为辅助参数，用于数据人工核实。

3 自动监测数据标记

3.1 设备标记

2022 年 7 月 19 日，生态环境部印发《污染物排放自动监测设备标记规则》，并在配发公告中明确以下事项：

一、本公告所指排污单位，是应当依法安装、使用、维护污染物排放自动监测设备，并与生态环境主管部门的监控设备联网的排污单位。

二、排污单位应当按照环境保护有关法律法规和标准规范安装、使用、维护污染物排放自动监测设备，对自动监测设备开展质量控制和质量保障工作，保证自动监测设备正常运行，保存原始监测记录，并确保自动监测数据的真实、准确、完整、有效。

三、因自动监测设备故障、维护、调试等特定运行状况或者生产设施、污染防治设施启停机、故障等非正常运行工况，导致污染物排放自动监测设备传输数据异常或者污染物排放超过相关标准等异常情况的，排污单位应当按照相关自动监测数据标记规则对产生自动监测数据的相应时段进行标记。标记则视为向生态环境主管部门报告异常情况。

四、自动监测数据标记规则包括《污染物排放自动监测设备标记规则》（以下简称《设备标记规则》）和分行业的生产设施、污染防治设施工况标记规则（以下简称工况标记规则）。《设备标记规则》适用于所有行业，用于规范排污单位标记自动监测设备故障、维护、调试等特定运行状况；工况标记规则用于规范排污单位在自动监测时，标记生产设施或污染防治设施启停机、故障等非正常运行工况。

五、排污单位是审核确认自动监测数据有效性的责任主体，应当按照《设备标记规则》确认自动监测数据的有效性。一般情况下，每日 12 时前完成前一日自动监测数据的人工标记，逾期则视为对自动监测数据的有效性无异议。

六、依据《设备标记规则》标记为无效的自动监测数据，不作为判定污染物排放是否超过相关标准的依据。依据工况标记规则标记为非正常工况，并且生产设施、污染防治设施运行达到生态环境保护相关标准、规范性文件要求的，限定时间内的自动监测数据不作为判定污染物排放是否超过相关标准的依据。

七、自动监测数据标记体现自动监测数据真实性、准确性、完整性和有效性等重要属性，标记内容是自动监测数据的重要组成部分。

八、排污单位的自动监测数据向社会公开时，数据标记内容应当同时公开。

九、生活垃圾焚烧发电行业的工况标记规则按照《关于发布〈生活垃圾焚烧发电厂自动监测数据标记规则〉的公告》（生态环境部公告 2019 年第 50 号）执行，其他行业的工况标记规则另行制定。

十、本公告自 2023 年 1 月 1 日起，在生活垃圾焚烧发电、火力发电、水泥制造和造纸等行业正式施行。各地可以结合实际情况组织其他行业参照施行。

3.1.1 适用范围

适用于应当依法安装、使用、维护污染物排放自动监测设备，并与生态环境主管部门的监控设备联网的排污单位。其他与生态环境主管部门的监控设备联网的污染物排放自动监测设备标记可参照执行。

3.1.2 标记内容及要求

自动监测设备标记包括"自动监测设备维护""数据补全""数据有效"3 类标记。

（1）"自动监测设备维护"标记

因自动监测设备调试、故障、日常维护、校准等，导致数据缺失或无效的时段，标记为"自动监测设备维护"。对于烟气排放连续监测系统维护，简称为"CEMS 维护"。

排污单位应当规范开展自动监测设备运行维护，对照表 3-1 如实标记，并简要描述维护过程或故障原因，保存运行维护记录和相关台账备查。

表 3-1 自动监测设备维护标记及标记内容

标记内容及代码	标记说明
调试 （A）	自动监测设备新安装或者移动、改变的调试（含自行验收、备案）期间，导致数据缺失或无效的时段，标记为"调试"
故障 （D）	1. 自动监测设备故障、检修，导致数据缺失或无效的时段，标记为"故障"。包括浓度、温度（烟温或水温）、湿度、压力、流量、运行状态等各类自动监测设备故障，采样环节的泄漏、堵塞、掺杂等故障，以及现场端内部通信故障等。 2. 自动监测设备断电，导致数据缺失或无效的时段（如站房停电导致自动监测设备停止运行的时段）。 3. 本标记不适用生产或污染治理设施自身的故障造成数据异常

标记内容及代码	标记说明
日常维护 （M）	自动监测设备计划性维护保养，导致数据缺失或无效的时段，标记为"日常维护"
校准 （C）	自动监测设备处于校准、校验状态，导致数据缺失或无效的时段，标记为"校准"
超量程 （T）	自动监测设备测量结果数值超出测量范围，导致数据缺失或无效的时段，标记为"超量程"
温度传感器故障 （Td）	反映生产工况的温度传感器结焦、损坏等情况（如垃圾焚烧炉炉膛热电偶、水泥窑窑尾烟室热电偶的结焦、损坏等）导致温度传感器测量温度不能反映实际温度的时段，标记为"温度传感器故障"
核查比对 （K）	1. 政府监管部门开展核查比对等过程中，导致自动监测数据缺失或无效的时段，标记为"核查比对"； 2. 标记为"核查比对"的时段，应当保留政府监管部门开展核查比对等相关证明材料

针对同一监测因子的自动标记，在分钟数据、小时数据、日数据统计时段内，存在多种"自动监测设备维护"标记时，优先认定标记时间最长的标记内容。

发现自动监测设备校准、校验不合格时，从该次校准、校验至最近一次校准、校验合格期间的自动监测数据应当视为无效，排污单位应当在自动监控系统企业服务端，按照表3-1如实标记相应时段导致数据无效的具体标记内容。

（2）"数据补全"标记

为提高自动监测数据的完整性，排污单位对数据缺失或无效的时段进行数据补全，对照表3-2如实标记。

表3-2　数据补全标记内容

标记内容及代码	标记说明
手工监测数据 （U）	排污单位按照自行监测相关要求开展手工监测，或者从生态环境主管部门获得执法监测报告，应当及时记录、上传，取得的手工监测数据标记为"手工监测数据"
自动修约补遗数据（Q）	数据缺失或无效的时段，按照相关标准规范进行修约补遗，自动生成的数据标记为"自动修约补遗数据"

标记为"手工监测数据"的，应当保留相应监测报告、原始监测记录备查。

标记为"自动修约补遗数据"的，应当保留标记时段的运维台账、原始自动监测数据凭证、数据缺失或无效时段的情况说明等相关证明材料备查。修约补遗参照排污许可证要求进行；排污许可证未作要求的，参照 HJ 212、HJ 75、HJ 356 等技术规范执行。数据缺失超过 168 h 仍未补全的，自动监控系统按相关技术规范对排放量自动进行修约补遗。

（3）"数据有效"标记

一般情况下，自动监测数据默认自动标记为"数据有效"，代码为 N。

对按照表 3-1 自动标记无效时段的数据，排污单位仍确认其有效的，在自动监控系统企业服务端修正标记为"数据有效"，并保留相关证明材料备查。

（4）数据有效性的认定

①排污单位可以利用具备自动标记功能的自动监测设备在自动监测设备现场端进行自动标记，也可以授权有关责任人在自动监控系统企业服务端进行人工标记。鼓励排污单位优先进行自动标记，提高标记准确度，减少人工标记工作量。同一时段同时存在人工标记和自动标记时，以人工标记为准。

排污单位完成标记即为审核确认自动监测数据的有效性。

②自动标记和人工标记均不对原始数据（含补传数据）进行修改。

③自动标记即时生成，各项自动监测数据由自动监测设备同步按照相关标准规范分别计算。一般情况下，每日 12 时前完成前一日数据的人工标记，各项自动监测数据由自动监控系统企业服务端计算；如因通信中断数据未上传、系统升级维护等导致无法人工标记时，应当在数据上传后或标记功能恢复后 24 h 内完成人工标记。逾期不进行人工标记，视为对自动监测数据的有效性无异议。

④开展大气污染物排放连续监测时，其自动监测小时均值数据的有效性依据自动监测分钟数据标记情况进行自动判断。1 h 内，"CEMS 维护"标记少于等于 15 min，且不影响小时均值有效性时，可不再对小时均值数据进行标记。

⑤自动监测日均值数据有效性，依据自动监测小时均值数据标记情况进行自动判断。

（5）标记时段的统计

表 3-3 所列情形及相应时段不计入"自动监测设备维护"时长，不参与自动监测数据有效传输率统计。

涉及"自动监测设备维护"时长、自动监测数据有效传输率的违法违规认定，按有关规定执行。

表 3-3　不计入"自动监测设备维护"时长和自动监测数据有效传输率统计的时段

情形	涉及的时段
调试	新、改、扩建项目涉及的自动监测设备新、改建，自建设项目投运之日起 2 个月内自动监测设备标记为"调试"的时段； 原有自动监测的主要设备或者核心部件更换、采样位置或者主要设备安装位置等发生重大变化，单台 CEMS 标记为"调试"的时段，不超过 168 h；废水污染物分析仪标记为"调试"的时段，不超过 72 h；数据采集传输仪标记为"调试"的时段，不超过 24 h
温度传感器故障	标记为"温度传感器故障"且未导致生态环境主管部门监管执法使用的均值缺失或无效的时段。例如，生活垃圾焚烧发电厂的焚烧炉炉膛内，某温度测点热电偶标记"温度传感器故障"，但未导致该焚烧炉炉膛内中部和上部两个断面各自热电偶测量温度中位数算术平均值的 5 min 平均值缺失或无效的时段
非排污单位责任造成的数据缺失或无效	排污单位对非自身责任造成的自动监测数据缺失或无效的时段，应当自行在自动监控系统企业服务端录入原因，包括： 自然灾害、政府行为、社会异常事件等不可抗力事件导致报送数据失败的时段； 经县级以上生态环境主管部门同意，生产停运期间关闭自动监测设备的时段； 标记为"核查比对"的时段； 其他非排污单位责任造成的数据缺失或无效时段
外部通信中断	数据传输应当符合 HJ 212 的规定； 当排污单位外部通信网络故障导致数据无法联网传输至生态环境主管部门时（如电信运营商网络原因或生态环境主管部门网络、软硬件原因等导致报送数据失败），排污单位自行在自动监控系统企业服务端对相应时段录入外部通信中断及原因，并在通信恢复后补传。外部通信中断不超过 168 h 的不计入"自动监测设备维护"时间。如超过 168 h 仍未补传成功，确定属于设备故障导致数据缺失或无效、无法补传的时段，按表 3-1 标记；非排污单位责任造成的补传超时或数据缺失无效，在自动监控系统企业服务端录入原因并保存数据记录
手工监测补全	符合 HJ 75、HJ 356 等技术规范的手工监测数据，弥补或替代自动监测数据缺失或无效的时段
生产设施停运	按照 HJ 75 附录 H.2 数据状态标记要求，标记为污染源处于停运状态的时段
废水暂停排放	间歇性排放的水污染源在线监测应当设置流量触发采样，当流量为零或者排污单位在自动监控系统企业服务端录入停排时，污染物浓度数据缺失的时段

（6）其他

排污单位按规则标记后，即视为向生态环境主管部门报告，可不再提交相同内容的纸质报告。

上传的自动监测数据及其标记内容可通过自动监控系统企业服务端导出，也可通过数据接口将自动监测数据回流至排污单位。

各级生态环境主管部门通过数据交换方式共享获取标记内容，排污单位无须重复标记。

排污单位应当依托数据标记内容建立电子化运维台账，运维过程全程信息化留痕。

排污单位应当遵守安全生产规定，按照安全生产管理要求安装、运行和维护污染物排放自动监测设备。

3.2　工况标记

3.2.1　生活垃圾焚烧发电厂

2019 年 11 月 26 日，生态环境部发布《生活垃圾焚烧发电厂自动监测数据标记规则》，并于公布之日起实施。

（1）适用范围

生活垃圾焚烧发电厂（以下简称垃圾焚烧厂）根据焚烧炉和自动监控系统运行情况，如实标记自动监测数据的规则。

适用于投入运行的垃圾焚烧厂。只焚烧不发电的生活垃圾焚烧厂参照执行。

（2）数据标记内容及要求

1）焚烧炉工况标记

一般情况下，焚烧炉工况呈现为：正常运行—停炉—停炉降温—（停运）—烘炉—启炉—正常运行。启炉、正常运行和停炉时，炉膛温度不应低于 850℃。

焚烧炉工况标记包括"烘炉""启炉""停炉""停炉降温""停运""故障""事故" 7 种标记。

①在未投入垃圾的情况下，用辅助燃烧器将炉膛温度升至 850℃以上的时段，可标记为"烘炉"。

标记为"烘炉"的，一般情况下，炉膛温度起点应低于 400℃；当"烘炉"的前序标记为"停炉降温""故障"或"事故"时，允许炉膛温度起点高于 400℃。

标记为"烘炉"的，一般情况下，每次时长不应超过 12 h；炉内耐火材料修复或改造后，每次时长不应超过 168 h。

②完成烘炉后，投入垃圾至工况稳定，且炉膛温度保持在 850℃以上的时段，可标记为"启炉"。

标记为"启炉"的，每次时长不应超过 4 h。

③停止向焚烧炉投入垃圾至炉膛内垃圾完全燃尽，且炉膛温度保持在 850℃以上

的时段，可标记为"停炉"。

④焚烧炉炉膛内垃圾完全燃尽后，炉膛温度继续降低的时段，可标记为"停炉降温"。

标记为"停炉降温"的，一般情况下，炉膛温度应从850℃以上降至400℃以下；当"停炉降温"的后序标记为"烘炉"时，允许该标记时段结束时炉膛温度高于400℃。

⑤焚烧炉停止运转的时段，可标记为"停运"。

标记为"停运"的，烟气含氧量不应低于当地空气含氧量的2个百分点。

⑥焚烧炉发生故障或事故的时段，可标记为"故障"或"事故"。

标记为"故障"或"事故"的，每次时长不应超过4 h，并简要描述故障或事故起因。

⑦垃圾焚烧厂在企业端未作上述标记的，焚烧炉视为正常运行。

2）自动监测异常标记

自动监测异常标记包括"烟气排放连续监测系统维护"（以下简称CEMS维护）、"通信中断"、"炉温异常"、"热电偶故障"4种标记。

①CEMS校准、故障、检修以及数采仪故障、检修的时段，可标记为"CEMS维护"。

标记为"CEMS维护"的，应同时备注维护的类型，并简要描述维护过程，保存运行维护记录备查。

②网络故障、通信设备故障等原因导致数据无法报送至生态环境主管部门的时段，可标记为"通信中断"。

标记为"通信中断"的，应在通信恢复后补传自动监测数据。

③正常运行时，因不可抗力导致焚烧炉炉膛温度低于850℃的时段，可标记为"炉温异常"。

标记为"炉温异常"的，应备注炉膛温度异常的原因以及提前采取控制烟气污染物排放的有效措施（如加强垃圾预处理，启动辅助燃烧器、加大活性炭喷入量等），并保存运维记录和台账资料备查。

④因热电偶结焦、损坏等情况导致热电偶测量温度不能反映实际温度的时段，可标记为"热电偶故障"。

标记为"热电偶故障"的，应备注故障测点位置、故障原因、维修或更换过程，保存运行维护记录和台账备查。

⑤垃圾焚烧厂在企业端未作上述标记的，自动监测数据视为有效。

（3）标记操作

焚烧炉工况和自动监测异常可分别标记，分别包括事前标记和事后标记。

1）事前标记

垃圾焚烧厂可根据生产计划、CEMS 维护计划等，在企业端提前标记。

2）事后标记

当出现焚烧炉工况改变，自动监测异常，自动监测数据出现零值、恒值、超量程以及超过污染物限值等情形时，垃圾焚烧厂应当于 1 h 内核实并标记。

未及时标记的，由生态环境部污染源监控平台向垃圾焚烧厂发出电子督办单，并抄送所在地县级以上生态环境主管部门。垃圾焚烧厂在接到电子督办单后，应当及时核实，并在 6 h 内按操作提示如实进行标记。

3.2.2　火电、水泥和造纸行业

2020 年 12 月 14 日，生态环境部生态环境执法局对河北省、江苏省、浙江省、山东省、广西壮族自治区、四川省生态环境厅印发《火电、水泥和造纸行业排污单位自动监测数据标记规则（试行）》，对火电、水泥和造纸行业实施自动监测数据标记试行。根据试行情况，生态环境部环境工程评估中心对火电和水泥行业自动监测数据标记规则进一步完善。

（1）适用范围

规定了火电、水泥和造纸行业排污单位根据生产设施、污染治理设施和自动监控系统运行情况，如实标记生产设施及污染治理设施工况、自动监测异常的规则。

适用于：①已投入运行且执行《火电厂大气污染物排放标准》（GB 13223）或相应地方标准的排污单位，包括独立火力发电（供热）厂和企业自备火力发电（供热）厂（车间），不包括以生活垃圾、危险废物为燃料的火电厂。

②已投入运行且执行、参照执行《水泥工业大气污染物排放标准》（GB 4915）、《水泥窑协同处置固体废物污染控制标准》（GB 30485）或相应地方标准的水泥厂水泥窑。

③执行、参照执行《制浆造纸工业水污染物排放标准》（GB 3544）或相应地方标准的造纸厂。

其他行业排污单位对自动监控系统运行情况的数据标记可参照执行。

（2）火电行业

①数据标记内容及要求

一般情况下，火电厂锅炉 / 燃气轮机生产工况呈现为：正常运行—解列—停炉（机）—停运—启动—并网 / 供能—正常运行。工况标记包括"解列""停炉（机）""停

运""停运（维修维护等）""启动""并网/供能""故障/事故"7种标记。

锅炉/燃气轮机工况发生变化时，应按照表3-4及时进行工况标记；未作标记的，锅炉/燃气轮机视为正常运行。

表3-4　火电厂锅炉/燃气轮机工况标记内容

标记内容及代码	标记说明及要求
解列（Sd）	1.应指令或生产要求，通过逐步减少燃料投入量的方式降低锅炉/燃气轮机负荷或功率，从锅炉/燃气轮机负荷或功率降至额定负荷或功率50%及以下且污染防治设施无法正常运行时，至机组与电网断开连接或停止有效供能前的时段，标记为"解列"。 2.标记为"解列"的，每次时长不应超过2 h
停炉（机）（Fa）	1.机组与电网断开连接或停止有效供能后，至锅炉/燃气轮机停止运行前或者处理热备用状态的时段，标记为"停炉（机）"。 2.通常情况下，该时段废气排放口自动监测数据的烟气流速、流量、温度等参数逐渐降低，氧含量逐渐升高。若锅炉/燃气轮机处于热备用状态，相关参数将在一定范围内波动。 3.热备用指锅炉/燃气轮机保持适当通风燃烧而不致熄灭的状态，能够快速地让机组与电网连接或实现有效供能
停运（Fb）	1.机组与电网断开连接或停止有效供能后，锅炉/燃气轮机停止运行至再次标记"启动"前的时段，标记为"停运"。 2.标记为"停运"的，废气排放口或净烟气自动监测数据须满足含氧量>19%（或>当地空气含氧量的2个百分点）且锅炉/燃气轮机负荷或功率<额定负荷或功率20%
停运（维修维护等）（Fba）	1.锅炉/燃气轮机停止运行时，对生产设施或污染防治设施维护、检修、试验等，导致废气排放口或净烟气自动监测数据无法满足标记"停运"的"氧含量>19%且锅炉/燃气轮机负荷或功率<额定负荷或功率20%"要求时，标记为"停运（维修维护等）"。 2.标记为"停运（维修维护）"的，需保留相应生产设施、污染防治设施检修维护记录或运行操作记录、自动发电控制（AGC）系统记录、自动监测数据记录等台账资料等证明材料备查
启动（Sta）	1.锅炉/燃气轮机由冷态、热态启动等至机组与电网连接或有效供能前的时段，标记为"启动"。 2.该时段包含锅炉/燃气轮机正常点火启动、检修或改造后调试试验点火启动等情况
并网/供能（Stb）	1.机组与电网连接或有效供能至锅炉/燃气轮机及污染防治设施达到正常运行状态前的时段，标记为"并网/供能"。 2.标记为"并网/供能"的，每次时长不应超过4 h。因其他客观因素导致确需延长的，每次时长不应超过8 h，且需保留1年及以上自动监测数据、设施性能参数、自动发电控制（AGC）系统记录等证明材料备查

续表

标记内容及代码	标记说明及要求
故障/事故（Sr）	1. 生产设施或污染防治设施发生故障或事故导致无法正常运行，且连续排放废气污染物的时段，标记为"故障/事故"。 2. 标记为"故障/事故"的，每次因故障或事故连续排放废气污染物的时间不应超过4 h，单台锅炉/燃气轮机全年累计不应超过60 h，并须简要描述故障或事故原因。 3. 锅炉/燃气轮机在"并网/供能"或"解列"过程中，发生故障或事故的，优先标记"并网/供能"或"解列"

②标记的操作

火电厂应根据实际运行情况标记生产工况，同一时段火电厂同一锅炉/燃气轮机只能标记一种生产工况。应依托数据标记内容完善生产设施、污染防治设施运行管理台账资料，确保全程信息化留痕。

火电厂按规则标记后，即视为向生态环境主管部门报告，可不再提交相同内容的纸质报告。

火电厂上传的自动监测数据及其标记内容可通过自动监控系统企业服务端导出。各级生态环境主管部门通过数据交换方式共享获取标记内容，火电厂无须重复标记。

鼓励火电厂优先开展自动标记，提高标记准确度。同组数据中人工标记和自动标记同时存在时，以人工标记为准。

一般情况下，每日12时前完成前一日数据的人工标记；如遇通信中断数据未上传、系统升级维护等原因导致无法人工标记时，应在数据上报后或标记功能恢复后24 h内完成人工标记。

（3）水泥行业

①数据标记内容及要求

一般情况下，水泥窑生产工况呈现为：正常运行—止料—停窑降温—停运—烘窑—投料—正常运行。水泥窑工况标记内容包括"止料""停窑降温""停运""烘窑""投料""故障/事故"6种标记。

水泥窑工况发生变化时，应按照表3-5及时进行水泥窑工况标记；未作标记的，水泥窑视为正常运行。

表3-5　水泥厂水泥窑工况标记内容

标记内容及代码	标记说明及要求
止料（Sd）	1. "停止向水泥窑投入生料"至"停止向窑系统喷燃料"的时段，标记为"止料"。 2. 标记为"止料"的，一般情况下，每次时长不应超过2 h

续表

标记内容及代码	标记说明及要求
停窑降温（Sa）	1. 停止向窑系统喷燃料后，窑尾烟室温度继续降低的时段，标记为"停窑降温"。 2. 标记为"停窑降温"的，一般情况下，窑尾烟室温度降至200℃以下；当"停窑降温"的后序标记为"烘窑"时，允许"停窑降温"标记时段结束时窑尾烟室温度高于200℃
停运（F）	1. "停窑降温"标记完成至再次标记"烘窑"前，标记为"停运"。 2. 标记为"停运"的，需同时满足废气排放口烟气含氧量＞19%（或含氧量不低于当地空气含氧量的2个百分点）且窑尾烟室温度≤200℃
烘窑（Sb）	1. 水泥窑点火后至开始"投料"前的时段，标记为"烘窑"。 2. 标记为"烘窑"的，以点火和开始投料作为起止时间节点，烘窑结束时窑尾烟室温度一般在950℃以上。 3. 标记为"烘窑"的，一般情况下，窑尾烟室温度起点应低于200℃，每次时长不应超过36 h；因大面积耐火材料修复、改造或更换（标记代码Sba）等其他客观因素导致确需延长的，需上传DCS升温曲线至系统，并保存生产台账资料备查。当标记"烘窑"的前序标记为"停窑降温""故障/事故"时，允许窑尾烟室温度起点高于200℃，每次时长不应超过8 h
投料（St）	1. "烘窑"结束、开始投入生料，至工况稳定的时段，标记为"投料"。 2. 标记为"投料"的，以开始投料和达到工况稳定作为起止时间节点，工况稳定时水泥窑窑尾烟室温度一般在1 050℃以上。 3. 标记为"投料"的，每次时长不应超过2 h
故障/事故（Sr）	1. 生产设施或污染治理设施发生故障或事故导致无法正常运行，且连续排放污染物的时段，包括对设施故障或事故响应和维修处理阶段，标记为"故障/事故"。 2. 标记为"故障/事故"的，单台水泥窑每次因故障或事故连续排放污染物时间不应超过4 h，全年累计不应超过60 h。需描述故障或事故起因，并保存生产台账资料以备查

②标记的操作

同一时段只能标记一种水泥窑工况，水泥行业排污单位应保存相应生产设施、辅助设施、污染治理设施、自动监测运维记录等台账资料以备查。

水泥行业排污单位可以利用具备自动标记功能的自动监测设备在自动监测设备现场端进行自动标记，也可以授权有关责任人在自动监控系统企业端进行人工标记。鼓励水泥行业排污单位优先进行自动标记，提高标记准确度，减少人工标记工作量。同一时段同组数据同时存在人工标记和自动标记时，以人工标记为准。

水泥行业排污单位按规则标记后，无须向生态环境主管部门重复提交相同内容的纸质报告。可通过自动监控系统企业端导出自动监测设备上传的自动监测数据及其标记内容，也可通过数据接口实现数据回流至水泥行业排污单位。不同管理层级的生态环境主管部门通过数据交换方式共享获取标记内容，排污单位无须重复标记。

一般情况下，每日 12 时前完成前一日数据的人工标记；如遇通信中断数据未上传、系统升级维护等原因导致无法人工标记时，应当在数据上报后或标记功能恢复后 24 h 内完成人工标记。

（4）造纸行业

①数据标记内容及要求

一般情况下，造纸厂生产工况、废水治理设施工况标记内容包括"停运""故障 / 事故""生产设施运行状态调整"3 种标记（表 3-6）。

表 3-6　造纸行业工况标记内容

数据标记	标记内容	标记说明及要求
F	停运	1. 生产设施的主要设备均处于未工作状态且不排放污染物的时段，或者废水治理设施停止运行且不排放废水的时段，可以标记为该设施"停运"。 2. 废水治理设施标记为"停运"的，废水排放量应为零。 3. 需描述停运原因
Sr	故障 / 事故	1. 生产设施、废水治理设施运行中出现故障或事故的时段，包括检修、维护，可以标记为"故障 / 事故"。 2. 需描述故障原因
R	生产设施运行状态调整	1. 生产过程中因原料、产品品种、产品产量变化，工艺调整等情况导致的生产设施运行状态调整的时段，可以标记为"生产设施运行状态调整"。 2. 需描述调整原因

②标记的操作

同一时段只能标记一种工况，造纸行业排污单位应保存相应生产设施、辅助设施、污染治理设施、自动监测运维记录等台账资料以备查。

造纸行业排污单位可以利用具备自动标记功能的自动监测设备在自动监测设备现场端进行自动标记，也可以授权有关责任人在自动监控系统企业端进行人工标记。鼓励造纸行业排污单位优先进行自动标记，提高标记准确度，减少人工标记工作量。同一时段同组数据同时存在人工标记和自动标记时，以人工标记为准。

造纸行业排污单位按规则标记后，无须向生态环境主管部门重复提交相同内容的纸质报告。可通过自动监控系统企业端导出自动监测设备上传的自动监测数据及其标记内容，也可通过数据接口实现数据回流至排污单位。不同管理层级的生态环境主管部门通过数据交换方式共享获取标记内容，排污单位无须重复标记。

一般情况下，每日 12 时前完成前一日数据的人工标记；如遇通信中断数据未上传、系统升级维护等原因导致无法人工标记时，应当在数据上报后或标记功能恢复后 24 h 内完成人工标记。

（5）自动监测异常标记

自动监测异常标记内容包括"自动监测设备维护""通信中断（待补传）""不可抗力" 3 种。各种标记内容分别见表 3-7、表 3-8 和表 3-9。未在相应时段作出自动监测异常标记的，自动监测数据视为有效数据。

因自动监测设备校准、故障、检修、更换等，导致数据缺失或无效的时段，可标记为"自动监测设备维护"。自动监测设备维护包括定期校准、质控样比对、例行维护等主动维护行为，以及因各类设备运行故障、供电故障等引发的检修、更换等。

表 3-7　自动监测设备维护标记内容

数据标记	标记内容	标记说明
C	校准	自动监测设备处于校验、校准状态，可以标记为"校准"
K	质控样比对	自动监测设备处于质控样比对过程（包括远程标样核查质控检查等），可以标记为"质控样比对"
T	超量程	自动监测设备测量结果数值超过测量上限，可以标记为"超量程"
M	维护	自动监测设备处于维护期间，可以标记为"维护"
D	故障	自动监测设备各类故障、检修、更换，可以标记为"故障"。适用于浓度、温度、湿度、压力、流量、运行状态等各类自动监测设备；烟气采样环节的漏气、堵塞、掺杂等情况
P	断电	自动监测设备断电，可以标记为"断电"
Vgd	数采仪接收异常	数据采集传输仪采集数据时与其他现场机通信异常，可以标记为"数采仪接收异常"
Td	温度传感器故障	温度传感器故障（如水泥窑窑尾烟室热电偶结焦、损坏等情况）导致测量温度不能反映实际温度的时段，可标记为"温度传感器故障"

自动监测异常标记内容存在多种情形时，优先选择异常时间占比最长的标记内容；不同的异常时间占比相同时，可按照优先级从高到低为 Vgd、P、D、M、C、T、K。

如实标记"自动监测设备维护"后，按照相关标准规范中定义的有效数据计算条件，分别计算日均值、小时均值。

网络故障、通信设备故障等原因导致数据无法报送至生态环境部门的时段，可标记为"通信中断（待补传）"。

标记为"通信中断（待补传）"的，应在通信恢复后补传自动监测数据；因排污单位原因持续超过 168 h 仍未补传成功的，数据缺失或无效的时段应按异常标记如实标记"自动监测设备维护"。

表 3-8　通信中断（待补传）标记内容

数据标记	标记内容	标记说明
Vta	内部通信中断	排污单位内部网络、传输设备原因导致通信中断
Vtb	通信运营商通信中断	电信运营商数据网络原因导致通信中断
Vtc	生态环境部门通信中断	生态环境部门网络、软硬件原因导致报送数据失败

因不能预见、不能避免且不能克服的客观情况，导致数据缺失或无效的时段，可标记为"不可抗力"。不可抗力标记内容见表 3-9。

表 3-9　不可抗力标记内容

数据标记	标记内容	标记说明
Vma	自然灾害	由于自然灾害，如台风、地震、洪水、冰雹等原因无法正常开展生产活动
Vmb	政府行为	由政府干预的行为导致无法正常开展生产活动
Vmc	社会异常事件	由于战争、动乱、疫情等原因无法正常开展生产活动

4 典型案例

4.1 案例一：某城镇污水处理厂

污水处理厂是从污染源排出的污（废）水，因含污染物总量或浓度较高，达不到排放标准要求或不符合环境容量要求，降低水环境质量和功能目标时，必须经过人工强化处理的场所。目前我国新建及在建的城市污水处理厂所采用的工艺中，各种类型的活性污泥法仍为主流，占90%以上，其余则为一级处理、强化一级处理、生物膜法及与其他处理工艺相结合的自然生态净化法等污水处理工艺技术。

本案例中，现场监测指标有COD_{Cr}、氨氮、pH、浊度（SS）、总氮和总磷。本案例主要聚焦其日常运维的方案内容。

图4-1 某城镇污水处理厂案例

运维工作的开展基本要求如下。

4.1.1 一般要求

①保持站房内部环境清洁，布置整齐，各仪器设备干净清洁，设备与试剂整齐摆放、标识清楚。

②检查供电、供水、电话通信的情况，保证系统的正常运行。

③保证温湿度传感器、空调设备正常工作，仪器运行温度保持在10～30℃，湿度保持在10%～90%RH。

④指派专人看站，设备固定牢固，门窗关闭良好，人走关门，非工作人员未经许可不得入内。

⑤定期检查消防和安全设施。

⑥废液集中收集外送处理。

⑦每次维护后做好系统运行维护记录。

⑧进行维护时，应规范操作，注意安全，防止意外发生。

4.1.2　每日系统检查

要求至少每天上午和下午两次远程查看水站数据，分析水质监测和系统状态数据，对站点运行情况进行远程诊断和运行管理，内容包括：

①判断系统数据采集与传输情况。

②根据电源电压、站房温度、湿度数据判断站房内部情况。

③根据管路压力数据判断水泵运行情况。

④根据仪器分析数据判断水质情况和仪器运行情况。

⑤根据故障报警信号判断现场状况。

⑥发现运行数据有持续异常值时，应立即前往现场进行调查，查明原因并尽快排除。

⑦检测数据发现异常时，立即进行留样工作，并将样品送往委托分析机构进行样品分析。

4.1.3　每周定期巡检

每周至少巡视水站1次，并做好巡查记录，巡检时需要完成的工作包括：

①查看水质自动在线监测站设备是否齐备，有无丢失和损坏，水站运行环境是否正常。

②检查系统各单元的运行状况，保证系统运行顺畅，仪器能顺利完成整个测试过程。无故障点。

③检查水路、气路系统，保证水路/气路无漏水/漏气现象，无堵塞现象。对蓄水部件进行必要的清洗。

④检查电路系统和通信系统，保证系统供电正常，电压稳定。

⑤检查水质自动在线监测站的通信系统。保证水质自动在线监测站与远程监控中通信连接正常，数据传输正常。

⑥检查水质自动在线监测站的试剂，进行必要的更换。

⑦检查电极的使用情况，进行必要的保养。更换电解液时必须对仪器进行重新校准。

⑧定期更换仪器备件，更换后必须对仪器进行校准。

⑨检查站房的安全设施，做好防火防盗工作。

4.1.4 系统各单元运行维护要求

（1）采水单元

采水单元的运行维护对象主要是采水泵、采水管路、固定装置。针对每项进行的维护内容、维护周期及维护方法包括：

室外取水管路，每月1次，确保管路无泥沙附着。外取水管路淤泥吹出，至少3次空气吹洗，以便达到良好清淤效果。采用3%稀盐酸，对取水管路进行清洗，清洗完毕后15 min手动运行一次采水流程，以便将管路中残余药剂清洗掉。恢复取水管路原状。

采水系统，根据不同水期，适当调整维护周期，保证采水系统正常运行。对季节性断流、河道改变明显的断面水质自动站采水系统进行加固、调整采水泵。保证采水系统在任何情况下均正常采水。

（2）预处理及配水单元

配水单元的检查维护对象主要是配水管路、电动球阀、电磁阀、水泵、蓄水池等设备。针对每项进行的维护内容、维护周期及维护方法包括：

室内管路和过滤器，每月2次，确保管路透明，无泥沙藻类附着。手动拆卸阀门、弯头、过滤网和样水杯等部件，用试管刷清洗，清洗后原样装回。检查蠕动泵进水塑胶软管脏污情况，必要的情况更换。

电动球阀，每月2次，确保清洗后电动球阀吸合自如，无堵塞和渗漏。将电动球阀手动拆下，用试管刷清洗后，将电动球阀装回管路。开启组态单阀测试程序，单独控制阀门开关，检查阀门开关时间是否符合要求（10 s以内）。必要的情况替换电动球阀。

单向阀，每月2次，确保清洗后无堵塞和渗漏。拆下单向阀，用试管刷清洗单阀阀体及密封橡胶上附的脏污物，检查密封性是否完好后，原样装回管路。必要的情况更换单向阀。

样水杯喷头，每月1次，确保喷头工作正常。将样水杯清洗喷头拆下，检查是否有锈蚀状况，轻微锈蚀可采用3%稀盐酸浸泡方法清除锈蚀，严重锈蚀状况直接换新将喷头原样装回后注意调节喷头配水强度。

蠕动泵，每月1次，确保蠕动泵无堵塞和渗漏，计量准确按蠕动泵说明书要求，检查输出扭矩。若不符合说明书规定要求，及时更换泵管。

液位观察管，每月1次，确保液位观察管清洗透明，拆下透明管清除脏污，用试管刷清洗干净。拆卸部件原样装回。

压力表，每月2次，确保清洗后压力表读数正常。拆下压力表表头，清洗清除压力导管内泥沙，压缩空气吹脱表头内残留脏污。调节空压机输出压力为 0.6 MPa，输出气管连接到待测压力表，检查待测压力表显示是否与空压机一致，反应是否灵敏。原样装回压力表，注意气密性。必要情况更换压力表。

取水系统，每月1次，确保系统取水正常。完成上述测试后复原所有阀门到正确位置。检查各个接头是否松动，各个电动球阀接线是否完好。检查无误情况下，系统复电，检查整个取水流程是否正常。

（3）检测单元

利用每周定期巡检工作，对检测单元中各监测设备进行必要维护，如药剂更换、常规耗件更换、仪器清洗及校正等工作，保证仪器正常运行，分析数据准确。

（4）通信及控制系统

通信及控制系统维护主要是对仪器控制系统和通信系统进行检查维护，以免造成通信中断，影响通信质量；数据库应能安全、可靠地保存数据。

（5）辅助系统

对系统的其他单元进行必要的检查和维护：站房温湿度、除藻设备、清洗设备、防雷设备、系统设备和仪器的供电情况、系统防火防盗设施等。

4.2 案例二：食品行业废水

食品行业因其涵盖范围广、用水量大，会产生大量的废水，是导致我国水环境污染的主要行业之一。食品行业的废水主要来源于生产过程和设备清洗环节，生产废水包括原料清洗废水、加工过程产生的废水等。

本案例中，现场监测指标有 COD_{Cr}、氨氮、pH 和总磷。主要聚焦其设备故障的排除方案。

为了保证单点基站运行及整个区域的在线监控系统正常运行，按照《污染源自动监控系统运行管理办法》的要求，必须做好以下工作：

①对运行服务区域内的水污染监控系统基站进行日常维护、仪器维修检修、校验

和质量保证、仪器档案管理等方面的规范化管理，保障水污染源在线监测系统的稳定运行，为环境监督管理提供及时、准确的决策支持。

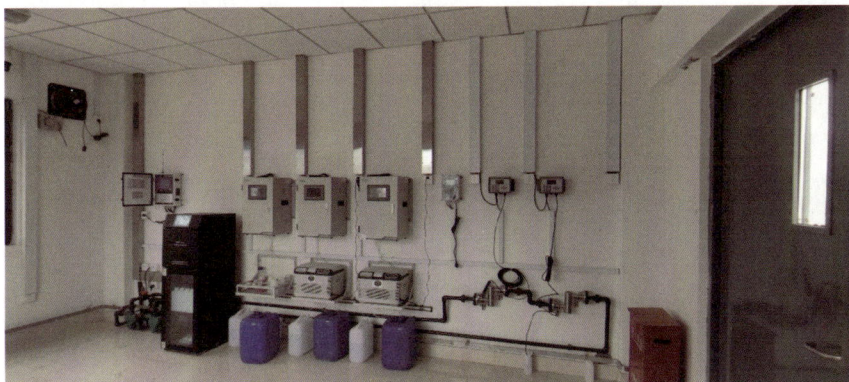

图 4-2　食品行业废水案例

②保证监测子系统优质、高效、安全、可靠地运行；保证系统的在线监测仪器设备运行正常稳定，给用户提供优质、高效、安全、可靠的数据监测服务。

③强化监测子系统运行维护管理。充分利用各种技术手段，实时监控、迅速、准确地排除各种故障，压缩故障时间，提高系统的在线监测仪的可用率、故障修复及时率。

④定期对监测子系统的线路和设备的运行情况进行统计，优化在线监测仪的性能、保证系统和设备运行正常、完好。

⑤加强固定资产的管理，保证资产的数量和质量。合理调配。充分利用在线监测资源。

系统常见故障处理解决办法见表 4-1。

表 4-1　系统常见故障处理解决办法

现象	可能原因	解决办法	备注
取水故障	1. 取水泵堵塞； 2. 管路堵塞； 3. 水泵损坏； 4. 线路故障	1. 清洗水泵； 2. 清洗管路； 3. 更换水泵； 4. 维修线路	
系统跳电	1. 供电电压过压或欠压； 2. 电压波动过大； 3. 供电线路地线虚接； 4. 内部线路短接； 5. 稳压电源线路击穿	1. 调节变压器； 2. 安装变压器； 3. 重新接地线； 4. 检查内部线路； 5. 更换稳压电源	

续表

现象	可能原因	解决办法	备注
进样泵故障	1. 泵故障； 2. 压力传感器故障； 3. 过滤器堵塞； 4. 电磁阀故障	1. 检查泵是否故障，若有，则更换或维修； 2. 检查压力传感器是否故障，若有，则更换或维修； 3. 清洗过滤器； 4. 检查电磁阀是否故障，若有，则更换或维修	检查方法是报警确认后启动清洗内管路操作，查看泵声音及压力传感器数值
电动球阀异常	1. 电动球阀供电线断路； 2. 无法打开，闭合不严	1. 查看线路是否有断路情况； 2. 清洗电动球阀阀体内腔	
电动球阀执行器发热	1. 电动球阀堵塞； 2. 控制线接错	1. 清理电动球阀； 2. 重接控制线	
在非清洗状态下空压机压力降低	1. 接头漏气； 2. 电磁阀关闭不严； 3. 释气阀损坏	1. 查看相关接头是否漏气，发现问题及时处理； 2. 查看电磁阀是否损坏，若损坏，及时更换； 3. 查看释气阀是否损坏，若损坏，及时更换	
通信中断	1. 子站通信线路故障； 2. 子站通信服务器是否工作正常； 3. 硬件防火墙故障	1. 子站通信是否连接正常； 2. 查看子站通信服务器是否正常，若不正常则重启子站监控计算机； 3. 更换防火墙	
测试时仪器无法取到水样	1. 进样管堵塞； 2. 样杯排水阀泄漏； 3. 供样泵损坏； 4. 沉砂池水量不够	1. 清理或更换进样管； 2. 维修或更换电磁阀； 3. 确定供样泵供电正常后，维修或更换供样泵； 4. 沉砂池重新进样	
监控画面环境参数显示异常	1.PLC断电； 2. 串口连接处松动； 3. 串口线坏； 4.PLC故障； 5. 模拟量故障； 6. 对应设备故障	1. 检查PLC电源接入是否正常； 2. 检查串口处是否松动； 3. 在排除1、2的前提下，更换串口线； 4. 在排除1、2、3后，可能是PLC故障，需检修； 5. 维修或更换模拟量模块； 6. 维修或更换对应设备	正常开机后等几秒钟监控画面即可显示正常

续表

现象	可能原因	解决办法	备注
监控画面测试值显示异常（485 或 232）	1. 对应仪器没有开机； 2. 通信线松动或断开； 3.RS232/485 转换模块故障	1. 检查仪器是否正常工作； 2. 检查通信线路是否正常连接； 3. 检查 RS232/485 转换模块是否正常（用专用工具软件检测），若故障，及时更换	
在非清洗状态下空压机压力降低	1. 接头漏气； 2. 电磁阀关闭不严； 3. 释气阀损坏	1. 查看相关接头是否漏气，发现问题及时处理； 2. 查看电磁阀是否损坏，若损坏，及时更换； 3. 查看释气阀是否损坏，若损坏，及时更换	

设备故障排除要求：

①简易故障能及时发现、诊断并排除，如电磁阀控制失灵、膜裂损、气路堵塞、数据采集传输仪死机等，故障维修时间不超过 12 h，复杂故障问题维修时间不超过 48 h 并及时向采购人报告现场问题。

②因维修、更换、停用、拆除等原因将影响自动监控设施正常运行超过 12 h 的，运营公司及时向采购人报告，同时报市州生态环境管理部门备案，说明故障原因、影响时段等情况。

③因维修、更换无法在 12 h 内恢复正常运行的，要启动第三方手工监测比对或递交备机制度替代方案，获得批准后组织实施。

仪表常见故障处理解决办法见表 4-2。

表 4-2 仪表常见故障处理解决办法

报警类别	可能原因	解决方案
缺试剂类	试剂已用完或试剂管插入深度异常	更换试剂或确认试剂管插入至瓶底
	气密性不好	检查流路是否有漏气、漏液的情况
	泵管老化或蠕动泵老化损坏	如果所有管路进液时液体都无法进入定量管，或者进样时断断续续，可能为泵管老化或蠕动泵老化损坏，更换泵管。更换泵管若解决不了，可能为蠕动泵老化或损坏，更换蠕动泵
	电磁阀接线端子松动或电磁阀损坏	点击对应电磁阀选项，若没有听到吸合声，检查电磁阀在 I/O 板上接线端子是否松动。若有松动，将接头紧固；若接线端子未松动，且接线正确，可能是电磁阀损坏，更换电磁阀

续表

报警类别	可能原因	解决方案
液位传感器报警	定量管内有异物	观察定量管是否有挂壁现象或其他异物。若有，多次清洗定量管
	液位传感器端子松动	检查信号板上液位传感器端子是否松动，若松动，请重新紧固
	液位传感器或信号板损坏	若未松动或紧固不能解决问题，将高、低液位传感器的信号线端子对换，手动抽取空白至高液位，观察屏幕液位状态是否正常。如果液体状态为：低液位关高液位开，可能是低液位传感器损坏，如果高、低液位状态均为关，可能是信号板或DB15电缆损坏。更换信号板或DB15电缆
温度传感器故障	接线端子松动或PT100损坏	检查信号板上接线端子是否松动。若有松动，将接头紧固；若接线端子未松动，且信号板正常，可能是PT100损坏，更换反应釜
	信号板损坏	更换反应釜无法解决，可能是信号板损坏，更换信号板
阀故障	管路有异物	观察定量管到排空阀管路或者定量管到消解阀管路内是否有异物遮挡，若有请及时清洗去除。如无法彻底清除，更换管路
	电磁阀接线端子松动或电磁阀损坏或I/O板损坏	打开对应阀，检查I/O板24 V供电是否正常，若不正常，可能是I/O板损坏，更换I/O板；点击对应电磁阀选项，若没有听到吸合声，检查电磁阀在I/O板上接线端子是否松动。若有松动，将接头紧固；若接线端子未松动，且接线正确，可能是电磁阀损坏，更换电磁阀
加热故障（此故障复位需断电重启）	加热丝接线松动或损坏	检查加热丝通断，进行紧固或更换反应釜
	高温线损坏	点击电板，检查I/O板24 V供电，若24 V供电正常，检查I/O板与陶瓷端子连接的高温线通断，进行紧固或更换高温线
	I/O板损坏	更换反应釜和高温线无法解决，可能是I/O板损坏，更换I/O板
鼓风机故障	接线端子松动或鼓风机损坏	检查I/O板上接线端子是否松动。若有松动，将接头紧固；若接线端子未松动，打开鼓风机，测量24 V供电，若24 V供电正常，可能是鼓风机损坏，更换鼓风机
	I/O板损坏	打开鼓风机，若24 V供电不正常，可能是I/O板损坏，更换I/O板
通信故障	通信线路存在虚接	检查线路，重新连接通信线
	屏幕端口出现故障	调整设置，改用COM1或COM2与主板进行通信，或更换显示屏
	主板出现故障	更换主板

監管篇

1 现场监督检查要点

1.1 现场检查一般方法

①查：查阅污染源自动监控设施资料、记录和历史监测数据，了解该自动监控设施基本情况。

②看：观察采样管路、仪器设备运行状况、安装位置、现场数据等。

③测：现场监测或视情委托有资质的环境监测机构采样分析。

④听：约见企业或运行单位负责人及相关人员，听取自动监控设施基本情况及运行情况陈述。

⑤问：询问安装、调试、运行、验收、整改、故障、隐患、数据有效性审核（数据标记）等，必要时要求被检查单位提供书面材料。

⑥录：填写规范的现场调查（询问）笔录、现场检查（勘察）笔录，以及污染源自动监控设施现场监督检查表，并收集电子数据、视听资料等。

污染源自动监控设施现场监督检查流程见图 1-1。

1.2 污染源自动监控设施现场检查准备工作

1.2.1 信息资料的收集

现场检查人员可通过以下途径收集污染源自动监控设施信息：

①排污许可证；

②污染源执法监测；

③环保设施竣工验收；

④污染源自动监控设施首次联网报送信息、相关技术说明文件；

⑤污染源自动监控设施质控计划；

⑥污染源自动监测数据有效性审核（数据标记）；

⑦生态环境部门监控中心对重点污染源的自动监控；

```
                    ┌─────────────────────────────┐
                    │ 污染源自动监控设施现场检查准备工作 │
                    └─────────────────────────────┘
        ┌──────────────┬──────────────┬──────────────┐
        ▼              ▼              ▼              ▼
  ┌──────────┐  ┌──────────┐  ┌──────────┐  ┌──────────┐
  │了解排污单位│  │收集污染源自动│  │现场检查需要│  │确定现场监督│
  │有关情况   │  │监控设施信息 │  │携带的现场装备│  │检查人员  │
  └──────────┘  └──────────┘  └──────────┘  └──────────┘
```

图中流程：

开展检查，填写检查基本情况表并取证

- 排污口检查
- 采样点位检查
- 擅自拆除、闲置、关停自动监控设施情况检查
- 自动监控设施变更情况检查
- 自动监控设施运行状况检查
- 企业生产工况、污染治理设施运行与自动监控数据的相关性检查
- 标样核查
- 执法对比或者比对监测

是否正常 —— 是 —→ 结束检查

否 ↓

针对性检查，填写相关设备检查表并取证

是否不正常或弄虚作假 —— 否 —→ 结束检查

是 ↓

提出处理建议

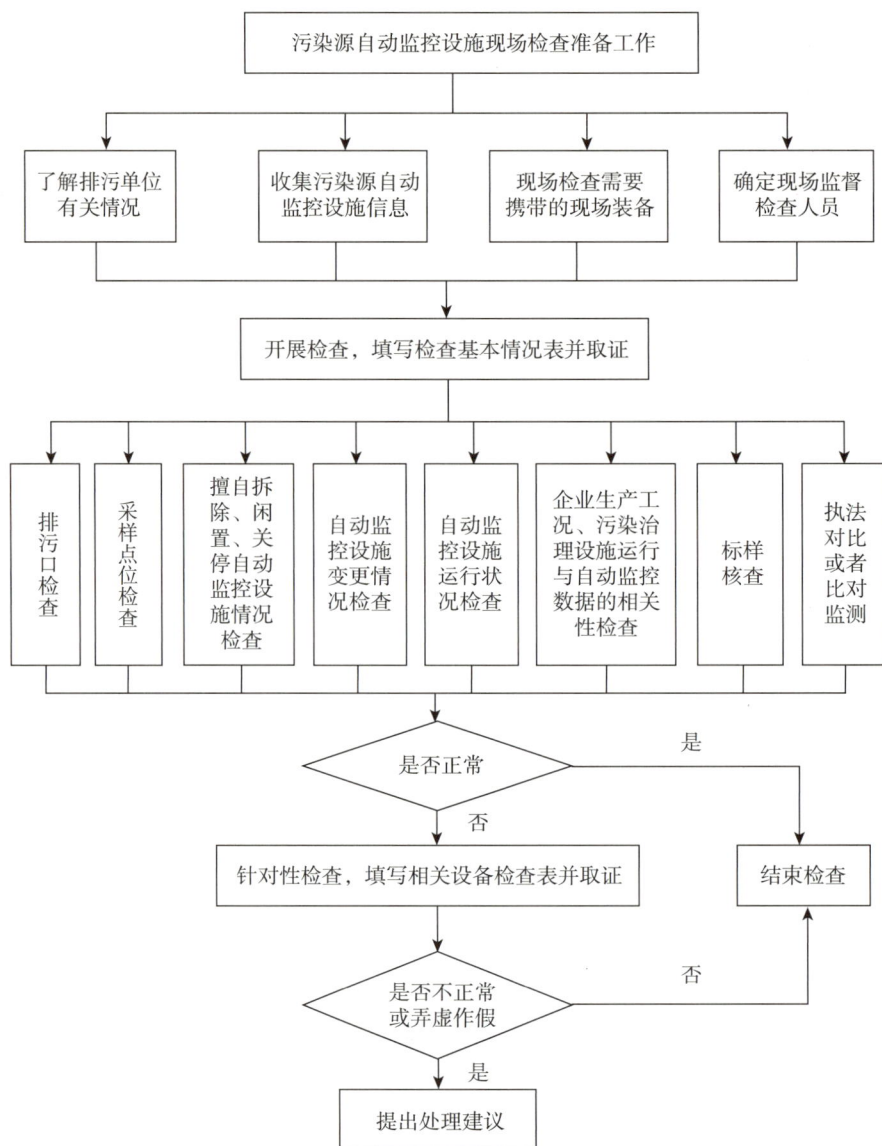

图 1-1　污染源自动监控设施现场监督检查流程

⑧群众举报、信访、"12369"环保热线、上级指示、媒体报道、其他机构转办等信息。

1.2.2　现场检查装备配置

根据污染源自动监控设施现场检查内容，现场检查人员可配置：

①现场采样设备；

②质控标准样品；

③录音、照相、摄像器材；

④其他。

1.2.3 现场监督检查人员要求

依据 HJ 606，现场检查应由 2 名及以上现场监督检查人员实施，现场监督检查人员应熟练运用污染源自动监控设施现场检查装备。

1.3 检查内容

1.3.1 排污口检查

检查排污口设置是否符合《排污口规范化整治技术要求》的规定，便于采集样品、计量监测和日常现场监督检查的要求；是否与环保设施竣工验收、污染源自动监控设施首次联网报送信息、相关技术说明文件一致。

1.3.2 采样点位检查

（1）水污染源在线监测系统采样点位检查

检查水污染源在线监测系统采样点设置是否符合 HJ 353 和 HJ 494 的相关规定。其采样位置是否位于渠道计量水槽流路的中央，且采样口采水的前端设在下流的方向；测量合流排水时，在合流后充分混合的场所采水。

（2）烟气（废气）排放连续监测系统采样点位检查

检查烟气（废气）排放连续监测系统采样点设置是否符合 HJ 75、GB 16157 和《污染源监控现场端建设规范（暂行）》的相关规定。

①采样点位是否优先选择在垂直管段。

②采样点位是否避开烟道弯头和断面急剧变化的部位。对于颗粒物 CEMS，是否设置在距弯头、阀门、变径管下游方向不小于 4 倍烟道直径，以及距上述部件上游方向不小于 2 倍烟道直径处；对于气态污染物 CEMS，是否设置在距弯头、阀门、变径管下游方向不小于 2 倍烟道直径，以及距上述部件上游方向不小于 0.5 倍烟道直径处。如不在以上位置时，应尽可能选择在气流稳定的断面，且采样点位前直管段的长度应大于后直管段的长度。

③若一个固定污染源排气先通过多个烟道后进入该固定污染源的总排气管时，采样点位是否设置在该固定污染源的总排气管上，或在每个烟道均设置采样点。

1.3.3 监测站房检查

监测站房是否有空调、不间断电源或双路供电、灭火设备、给排水设施。检查监测站房各项环境条件满足仪器设备正常工作的要求，如温/湿度计、排风扇、标气等辅助设施是否缺失、标气不确定度是否满足要求等。

1.3.4 擅自拆除、闲置、关停污染源自动监控设施情况检查

检查污染源自动监控设施是否未经生态环境部门批准拆除、闲置和关闭停运。

1.3.5 污染源自动监控设施变更情况检查

检查污染源自动监控设施及其辅助设备类型、型号、位置、数量等是否与首次联网报送信息一致。检查被监控的污染源排污口、排污情况是否发生变化。

检查污染源自动监控设施采样点，安装位置、方向等是否与首次联网报送信息一致。

检查调试检测报告、验收报告、自动监测设备首次联网报送信息、参数变更记录等，核实自动监测设备相关参数是否设置正确，变更是否规范，上下位机各项参数是否一致。

1.3.6 自动监控设施运行状况检查

（1）工作状况

检查污染源自动监控设施各组成部分是否处于完好状态，正常运转。检查视频监控、操作日志或者报警记录中是否存在异常情况。分析仪器产生的含有危险废物的废液是否有专门收集装置。

（2）数据传输及存储

检查污染源自动监控数据传输及存储是否符合 HJ 212、HJ 75、HJ 354 和 HJ 477 的相关规定。

①检查污染源自动监控设施是否按要求正常工作并传输数据。

②检查分析仪器数据、数采仪数据、监控中心数据是否一致。

③检查数据采集频次、均值计算、数据标记、手工监测数据录入、数据修约补遗等是否符合规范要求，是否存在不合理取舍、修约、记录或者选择性评价数据等情况。查看分析仪与上传数据是否一致，不一致的，检查数据传输线路、电流电压信号与数值对应关系是否正常。

④检查历史数据是否按规定保存。

（3）运行维护记录和自行校准比对记录检查

检查水污染源在线监测系统运行维护管理是否符合 HJ 355 的有关规定，检查烟气（废气）连续监测系统运行维护管理是否符合 HJ 75、HJ 1286 的有关规定。检查自动监控设施运行维护记录，主要包括停运、故障及其处理、耗材更换和校准比对记录等。检查自动监控设施运行维护记录中校准、比对等数据与自动监测设备中历史数据的一致性。查看分析仪中校准记录，检查校准偏差有无明显异常。

（4）自动监测数据真实、准确、有效性检查

查阅近期自动监测数据标记信息是否符合《污染物排放自动监测设备标记规则》等相关文件的要求。检查是否存在长期故障数据时段，故障期间是否按要求开展人工监测，是否按要求对无效数据时段替代补遗。核查重污染天气应急、生产设施启停、治污设施故障、监督检查前后、超标上报异常数据标记、校准比对前后等重点时段历史数据、档案记录及 DCS 生产治污数据之间的相符性。

（5）自动监控设施运行参数检查

检查自动监控设施运行参数是否与首次联网报送信息一致。

1.3.7　企业生产工况、污染治理设施运行与自动监控数据的相关性检查

检查企业生产负荷及工况、污染治理设施运行状况与自动监控设施显示数据变化的相关性，特别是其变化趋势是否符合逻辑。

1.4　水污染源在线监测系统的检查

1.4.1　废水采样系统

①检查采样点与分析仪器连接是否正常连通，无给水、排水管路外的其他旁路；检查反冲洗管路，不存在对采集水样的稀释现象。

异常情形包括（不限于）以下情况：存在给水、排水管路外的其他旁路；反冲洗水存在对采集水样的稀释现象。

②检查水样预处理装置是否与首次联网报送信息或相关规定一致，应无过度处理现象。

异常情形包括（不限于）以下情况：预处理装置与规定不一致；存在过度处理现象。

③检查水质自动采样单元是否工作正常。

异常情形包括（不限于）以下情况：自动采样单元的管路设置、采样频次等与有

关技术说明文件的规定不符；自动采样单元工作状态不正常；自动采样器采样泵、供样泵、搅拌器、排空泵是否存在人为关闭等。

1.4.2 化学需氧量（COD$_{Cr}$）自动监测仪

检查仪器是否符合 HJ 399—2007 和 HJ 377—2019 的相关规定。

（1）水样采集单元

取样管路位置应正确，管路应畅通；进水阀、排水阀等均正常打开。

异常情形包括（不限于）以下情况：①启动仪器后取样泵无水样进入管路；②取样管路存在旁路；③取样管路损坏，或取样池干涸（污水间歇性排放除外）、锈蚀；④采样单元是否存在替代或稀释等。

（2）试剂单元

仪器各试剂瓶内，试剂量能保证运行 1 周以上，且在使用有效期内。

异常情形包括（不限于）以下情况：①试剂瓶内无试剂，试剂管未插入试剂液位下；②试剂超过使用期限；③实际使用的试剂的种类、浓度与有关技术说明文件的规定不相符。

（3）消解单元

消解单元应能实现试剂的快速加热，并保持恒温消解控制。

异常情形包括（不限于）以下情况：①加热消解温度不符合产品说明书要求，或超出规定范围；加热回流溶液不处于沸腾状态。②消解瓶在非工作状态（未进行消解反应）时，瓶内有结晶、沉淀。③消解瓶下部有漏液现象。④消解时间密闭消解小于 15 min 或与有关技术说明文件的规定不符。

（4）操作单元

仪器启动后，能够正常运转，添加试剂和水样，并排出废液。

异常情形包括（不限于）以下情况：①仪器启动后电机不转动；②仪器内部连接线路有松动脱落现象，连接管路有渗液、滴漏、漏气现象；③仪器启动后内部样品管路和试剂管路内无液体流动现象；④仪器显示故障或报警信号。

（5）测量单元

采用分光光度法测定的，比色池表面无遮挡光路的污物；采用电极法测定的，电极表面无污物，且应能自动清洗电极。

异常情形包括（不限于）以下情况：①比色池表面有遮挡光路的污物；②电极表面沾污。

1.4.3　总有机碳（TOC）分析仪

检查仪器是否符合 HJ 104 的有关规定。

（1）水样采集单元

取样管路位置应正确，管路应畅通；进水阀、排水阀等均正常打开。

异常情形包括（不限于）以下情况：①启动仪器后取样泵无水样进入管路；②取样管路存在旁路；③取样管路损坏，或取样池干涸（污水间歇性排放除外）、锈蚀。

（2）试剂单元

仪器各试剂瓶内，试剂量能保证运行 1 周以上，且在使用有效期内。

异常情形包括（不限于）以下情况：①试剂瓶内无试剂，试剂管未插入试剂液位下；②试剂超过使用期限；③实际使用的试剂的种类、浓度与有关技术说明文件的规定不符。

（3）分析单元

载气采用空气或氮气，氮气纯度在 99.99% 以上。载气减压阀压力正常或在规定范围（一般高于 0.25 MPa），载气流量正常或在规定范围（一般在 150～180 mL/min）。采用空气为载气，应有去除二氧化碳的空气精制装置且在有效期内；采用氮气为载气，在供给器和氧化反应器之间应设置氧气混入装置。

异常情形包括（不限于）以下情况：①载气减压阀压力过低，载气流量过低，或超过规定的范围；②供给器和氧化反应器之间无渗氧管等氧气混入装置，或氧气混入装置无效；③采用空气为载气时，缺少去除二氧化碳的空气精制装置或失效；④进样注射器柱头有漏液或渗液现象；⑤内部气路有漏气现象。

干式氧化反应器燃烧管温度应符合正常工作要求（一般在 680～1 000℃），或在规定的范围内。

异常情形包括（不限于）以下情况：①干式氧化反应器燃烧管温度过低超过规定范围；②燃烧器内催化剂发白、破碎或外观与规定不一致。

气液分离器应处于正常状态。气液分离器中冷凝器温度应低于露点温度。

异常情形包括（不限于）以下情况：①冷凝器温度高于 5℃，或超过规定范围；②冷凝器排水瓶内无水。

（4）操作单元

仪器启动后，能够正常运转，添加试剂和水样，并排出废液。

异常情形包括（不限于）以下情况：①仪器启动后电机不转动；②仪器内部连接

线路有松动脱落现象，连接管路有渗液、滴漏现象；③仪器启动后内部样品管路和试剂管路内无液体流动现象；④仪器显示故障或报警信号。

1.4.4　氨氮水质自动监测仪

检查仪器是否符合 HJ 101—2019 的有关要求。

（1）水样采集单元

取样管路位置应正确，管路应畅通；进水阀、排水阀等均正常打开。

异常情形包括（不限于）以下情况：①启动仪器后取样泵无水样进入管路；②取样管路存在旁路；③取样管路损坏，或取样池干涸（污水间歇性排放除外）、锈蚀。

（2）试剂单元

仪器各试剂瓶内，试剂量能保证运行 1 周以上，且在使用有效期内。

异常情形包括（不限于）以下情况：①试剂瓶内无试剂，试剂管未插入试剂液位下；②试剂超过使用期限；③实际使用的试剂的种类、浓度与有关技术说明文件的规定不符。

（3）操作单元

仪器启动后，能够正常运转，添加试剂和水样，并排出废液。

异常情形包括（不限于）以下情况：①仪器启动后电机不转动；②仪器内部连接线路有松动脱落现象，连接管路有渗液、滴漏现象；③仪器启动后内部样品管路和试剂管路内无液体流动现象；④仪器显示故障或报警信号。

（4）测量单元

采用分光光度法测定的，比色池表面无遮挡光路的污物。采用电极法测定的，电极表面无污物，且能够自动清洗电极。

异常情形包括（不限于）以下情况：①比色池表面有遮挡光路的污物；②电极表面沾污。

1.4.5　总氮水质自动监测仪

检查仪器是否符合 HJ 102 的有关要求。

（1）水样采集单元

取样管路位置应正确，管路应畅通；进水阀、排水阀等均正常打开。

异常情形包括（不限于）以下情况：①启动仪器后取样泵无水样进入管路；②取样管路存在旁路；③取样管路损坏，或取样池干涸（污水间歇性排放除外）、锈蚀。

（2）试剂单元

仪器各试剂瓶内，试剂量能保证运行 1 周以上，且在使用有效期内。

异常情形包括（不限于）以下情况：①试剂瓶内无试剂，试剂管未插入试剂液位下；②试剂超过使用期限；③实际使用的试剂的种类、浓度与有关技术说明文件的规定不符。

（3）消解单元

消解单元应能实现试剂的快速加热，并保持恒温消解控制。

异常情形包括（不限于）以下情况：①加热消解温度不符合产品说明书要求，或超出规定的范围；加热回流溶液不处于沸腾状态。②消解瓶在非工作状态（未进行消解反应）时，瓶内有结晶、沉淀。③消解瓶下部有漏液现象。④消解时间密闭消解小于 15 min 或与有关技术说明文件的规定不符。

（4）操作单元

仪器启动后，能够正常运转，添加试剂和水样，并排出废液。

异常情形包括（不限于）以下情况：①仪器启动后电机不转动；②仪器内部连接线路有松动脱落现象，连接管路有渗液、滴漏现象；③仪器启动后内部样品管路和试剂管路内无液体流动现象；④仪器显示故障或报警信号。

（5）测量单元

采用分光光度法测定的，比色池表面无遮挡光路的污物。采用电极法测定的，电极表面无污物，且能够自动清洗电极。

异常情形包括（不限于）以下情况：①比色池表面有遮挡光路的污物；②电极表面沾污。

1.4.6　总磷水质自动监测仪

检查仪器是否符合 HJ 103 的有关要求。

（1）水样采集单元

取样管路位置应正确，管路应畅通；进水阀、排水阀等均正常打开。

异常情形包括（不限于）以下情况：①启动仪器后取样泵无水样进入管路；②取样管路存在旁路；③取样管路损坏，或取样池干涸（污水间歇性排放除外）、锈蚀。

（2）试剂单元

仪器各试剂瓶内，试剂量能保证运行 1 周以上，且在使用有效期内。

异常情形包括（不限于）以下情况：①试剂瓶内无试剂，试剂管未插入试剂液位下；②试剂超过使用期限；③实际使用的试剂的种类、浓度与有关技术说明文件的规定不符；④试剂存在明显沉淀、变色情况。

（3）消解单元

消解单元应能实现试剂的快速加热，并保持恒温消解控制。

异常情形包括（不限于）以下情况：①加热消解温度不符合产品说明书要求，或超出规定的范围；加热回流溶液不处于沸腾状态。②消解瓶在非工作状态（未进行消解反应）时，瓶内有结晶、沉淀。③消解瓶下部有漏液现象。④消解时间密闭消解小于 15 min 或与有关技术说明文件的规定不符。

（4）操作单元

仪器启动后，能够正常运转，添加试剂和水样，并排出废液。

异常情形包括（不限于）以下情况：①仪器启动后电机不转动；②仪器内部连接线路有松动脱落现象，连接管路有渗液、滴漏现象；③仪器启动后内部样品管路和试剂管路内无液体流动现象；④仪器显示故障或报警信号。

（5）测量单元

采用分光光度法测定的，比色池表面无遮挡光路的污物。采用电极法测定的，电极表面无污物，且能够自动清洗电极。

异常情形包括（不限于）以下情况：①比色池表面有遮挡光路的污物；②电极表面沾污。

1.4.7　流量计

检查流量计是否符合 HJ 15—2019 或 HJ 367 的相关规定。

（1）参数设置

①堰槽种类、堰槽规格、校准系数等参数设置情况应与首次联网报送信息、有关技术说明文件规定一致。（适用于超声波明渠流量计）

异常情形包括（不限于）以下情况：堰槽种类、堰槽规格、校准系数等参数设置与首次联网报送信息、有关技术说明文件规定不一致。

②管道管径、校准系数等参数设置应与首次联网报送信息、有关技术说明文件规定一致。（适用于超声波及电磁管道流量计）

异常情形包括（不限于）以下情况：管径、校准系数等参数设置与首次联网报送信息、有关技术说明文件规定不一致。

（2）测量单元

①液位测量应准确。被测量介质表面无泡沫、杂物（适用于超声波明渠流量计）。超声波流量计探头应安装在相应堰槽规定的点位。

异常情形包括（不限于）以下情况：测量液位后按照首次联网报送的参数折算为流量，该流量与仪器显示流量的差值超过仪器说明书流量精度的要求。

②非金属管道安装的变送器接地正常。（适用于电磁管道流量计）

异常情形包括（不限于）以下情况：变送器接地开路腐蚀、开裂或断裂。

③流量计周边应无电磁干扰。（适用于电磁管道流量计）

1.4.8　校准和比对检查

水污染源自动监控设施频次应当按照 HJ 355—2019 的相关要求，24 h 自动进行标样核查，每 168 h 自动进行零点和量程校准，每月至少进行一次实际水样比对试验和质控样试验。

异常情形包括（不限于）以下情况：①水污染源自动监控设施零点、量程校准和比对的频次不符合 HJ 355—2019 的相关要求；②现场采用零点校准液和量程校准液试验，零点和量程漂移不符合 HJ 355—2019 的相关要求；③现场采用不低于现场工作量程上限值 20% 的标准溶液试验，测定结果与标准值的相对误差大于 10%。

1.5　固定污染源烟气（废气）连续监测系统重点检查

检查固定污染源烟气（废气）连续监测系统是否符合 HJ 75—2017、HJ 76—2017、HJ 1286—2023、HJ 1013—2018 和 HJ 373—2007 的有关规定。

1.5.1　采样单元

①针对完全抽取法：加热采样探头内部及滤芯无沾污和堵塞现象，其过滤器加热温度符合仪器说明书要求（通常为 120℃ 以上，且应高于烟气露点温度 10℃ 以上）。

异常情形包括（不限于）以下情况：采样探头内部及滤芯沾污和堵塞，其过滤器加热温度不符合仪器说明书要求。

②采样伴热管的长度不宜过长（通常在 70 m 以内），且其走向向下倾斜度大于 5°，管路无低凹或凸起，伴热管温度通常大于 120℃，且应高于烟气露点温度 10℃ 以上。（针对完全抽取法）

异常情形包括（不限于）以下情况：目测加热导管存在平直的管段或明显"U"形管段；管线存在扭结、缠绕或断裂的现象；伴热管温度过低。

③反吹系统正常工作，反吹气压缩机正常工作。

异常情形包括（不限于）以下情况：反吹周期、反吹时间、空压机表头压力不符合仪器说明书要求。

④针对稀释采样法，稀释单元应工作正常。稀释比恒定，其数值与登记备案一致。

异常情形包括（不限于）以下情况：稀释气流量及样品气流量不稳定，或与登记备案不一致；稀释气过滤、除水装置或耗材故障、失效、纯度不够，或者由于其他原因达不到净化要求。

⑤气水分离器工作正常。冷凝器出口温度应低于露点温度或与登记备案一致，滤芯应保持干燥状态，不变色。

异常情形包括（不限于）以下情况：气水分离器冷凝器温度高于6℃；长时间无水排出；干燥器滤芯变色。

1.5.2 分析单元（气态污染物）

烟气分析仪采样流量符合产品说明书要求。非甲烷总烃分析仪谱图正常，积分正常。氮氧化物转换器工作正常，其温度与登记备案一致。仪器内部管路连接紧固，管壁无积灰及冷凝水。

异常情形包括（不限于）以下情况：仪器内部管路连接松动，管壁存在积灰及冷凝水。

1.5.3 分析单元（颗粒物）

观察吹扫系统电机，能正常工作。隔离烟气与光学探头的玻璃视窗清洁，仪器光路准直。观察吹扫系统的管道，连接正常。吹扫风机的净化风滤芯应清洁。前向散射法颗粒物自动监测设备使用等速跟踪采样的，检查采样流速与实际排放流速是否一致；后向散射法颗粒物自动监测设备，检查光源是否能够正常进入被测烟道，测量光程是否与排气筒尺寸相匹配。

异常情形包括（不限于）以下情况：①吹扫系统电机出现异常噪声、震动；②隔离烟气与光学探头的玻璃视窗表面积尘，仪器光路偏离；③吹扫系统的管道有裂缝，连接松动；④吹扫风机的净化风滤芯积灰；⑤等速跟踪采样流速与排放流速误差超过规范要求；⑥光源无法进入被测烟道，测量光程太短或太长。

1.5.4 分析单元（烟气参数）

皮托管应无变形，并与气流方向垂直，紧固法兰无松动。热敏温度计安装位置有效，固定无松动，其表面应无积灰。过量空气系数、皮托管系数 K 值、烟道截面积、速度场系数应与登记备案一致。废气排放量、气态污染物浓度等换算符合 HJ 397 的有关要求。

异常情形包括（不限于）以下情况：①皮托管变形、堵塞，与烟道气流方向偏离，不垂直；②热敏温度计安装位置无效，固定松动，其表面有腐蚀情况，有积灰；③空气过量系数、皮托管系数 K 值、烟道截面积与登记备案不一致；④烟气参数转换为标准要求的数据未按 HJ 397 进行计算；⑤废气排放量、气态污染物浓度等换算不符合 HJ 397 的有关要求。

1.5.5　校准和校验检查

固定污染源烟气（废气）连续监测系统运行过程中应当按照 HJ 75—2017、HJ 1286—2023 的有关规定，开展定期校准和定期校验。

异常情形包括（不限于）以下情况：①零点和跨度校准频次和校验频次达不到 HJ 75—2017、HJ 1286 的有关要求；②现场通入零气和标准气体测试，零点漂移和跨度漂移符合 HJ 75—2017、HJ 1286—2023 规定的失控指标；③现场通入标准气体测试，准确度不符合 HJ 75—2017、HJ 1286—2023 规定的参比方法验收技术指标要求。

1.6　数据采集传输仪重点检查

检查数据采集传输仪是否符合 HJ 477—2009 和 HJ 212—2017 的有关规定。

1.6.1　仪器参数检查

自动监控仪器与数据采集传输仪器中数据采集参数设置应一致；参数设置与登记备案一致。（传输模拟信号的需校对量程）

异常情形包括（不限于）以下情况：①存在数据采集参数高限设置过低或低限设置过高情况；②参数设置与登记备案不一致。

1.6.2　线路连接检查

自动监控仪器与数据采集传输仪器间的数据线路正常连接。

异常情形包括（不限于）以下情况：①数据采集传输仪与自动监控仪器间加装有

不明的数据处理设备（如可编程控制器）或信号处理设备（如滤波器等限制电流波动范围的设备）；②数据采集传输仪与通信设备（调制解调器、无线发射器、光纤通信设备）之间连接有其他不明设备；③自动监控设施停止工作后，数据采集传输仪仍产生并自动发送与实际情况不符的数据。

1.6.3　数据传输检查

上位机与数据采集单元采集的实时数值应一致。

异常情形包括（不限于）以下情况：加装软件限制数据大小和调整数据。

1.7　现场检查关键证据固定

1.7.1　物证、书证

（1）当事人的工商登记证明、排污许可证、法人代表相关证件；

（2）当事人生产记录、环保设施运行记录、治污设施运行消耗物料记录、自动监测设备运维记录、委托监测报告、自行监测报告等；

（3）现场存放的稀释、吸收、吸附工具或固体、液体、气体等物质，U盘、U盾、密码狗等用于实施干扰自动监测设备运行、篡改伪造数据的各种证据材料；

（4）监测设备采购合同，安装、调试检测、试运行、验收相关材料；

（5）自动监测委托运维合同，运维管理体系文件、制度、操作规程等；

（6）其他物证、书证。

1.7.2　现场检查（勘察）笔录、比对监测报告

（1）对生产、治污设施、自动监测设备及其附属设施和外围环境进行现场检查（勘察），固定、提取与违法行为有关的污染物排放、篡改伪造或者干扰监测设备运行等证据，现场录音、录像、照相，制作《现场勘察笔录》；

（2）由具有资质的检验检测机构，按照有关环境监测技术规范，对自动监测设备技术性能指标进行测试或者比对监测，出具能够证明监测数据准确程度的报告。

1.7.3　视听资料、电子数据及其他证据

（1）监测站房、排放口等场地的监控视听资料；

（2）自动监测设备历史数据，登录、运行、操作等日志记录文件，数据库文件，

其他相关软件；

（3）干扰自动监测设备运行及篡改伪造数据行为的录音、录像资料；

（4）其他视听、电子证据。

1.7.4 能够证明当事人主观故意的证据

（1）当事人的从业经历，是否接受过相关业务培训，实施违法行为的主观心态如何，对违法后果的认识程度、主动程度；

（2）当事人对违法实施性质、流程的了解程度，通过何种途径掌握的造假手段，是否知晓其他造假方式；

（3）违法行为发生前后，当事人的主观态度，是否存在明知、希望、故意、放任等；

（4）当事人在违法行为被发现后是否存在转移、毁灭、删除证据或者提供虚假证明、虚假陈述的情况。

1.8 检查报告

现场检查结束后应及时进行总结，重点就污染源自动监控设施建设情况、运行情况和维护情况等方面作出结论，对存在的问题提出整改建议，并附相关文字材料及视听资料。报告内容主要包括基本信息和处理建议。

1.8.1 基本信息

排污单位基本情况、社会化运行单位基本情况；污水排污口基本情况、废气排污口基本情况；水污染源在线监测系统基本情况、烟气（废气）连续监测系统基本情况。

1.8.2 处理建议

对异常情形综合分析，判断是否存在弄虚作假行为。若存在弄虚作假行为，属于生态环境主管部门职责的，应依法提出环境违法行为处理或处罚建议，报其所属生态环境执法机构或者其他受委托行使污染源自动监控设施现场监督检查职责的机构，按照相关程序进行处理或处罚；不属于生态环境主管部门职责的，应当建议其所在生态环境主管部门按照有关要求移送有管辖权的部门或机关处理。

2　典型案例

2.1　案例一：江门市某环保技术服务有限公司虚假运维案

案例由来：2023 年 9 月广东省生态环境厅发布自动监测领域典型案例。

违法事实：江门市生态环境局新会分局执法人员通过在线监测系统管理平台发现，江门市某纸业有限公司 2023 年 5 月 6 日 14：00—23：00 COD_{Cr} 在线监测异常数据人工标记为"故障"，随即开展现场核查。执法人员通过视频监控发现当天该公司废水在线监测站房内 COD_{Cr} 分析仪未被维护检查。该公司所委托的江门市某环保技术服务有限公司运营人员梁某曾在 5 月 8 日前往该企业进行自动监测设备维护，为解释 5 月 6 日 COD_{Cr} 的异常数据，虚假填写自动监测设备故障维修记录单。

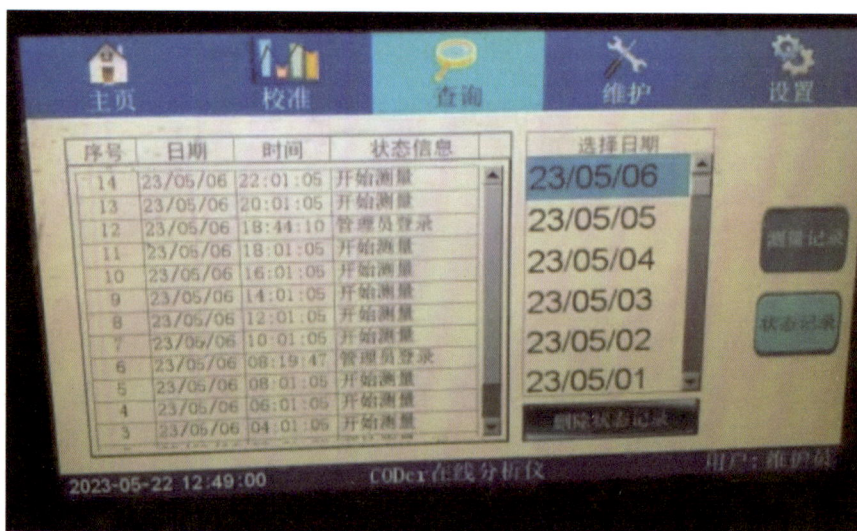

图 2-1　自动监测设备的工作日志显示 5 月 6 日为正常运行状态

处罚情况：江门市生态环境局于 2023 年 7 月 7 日对该公司违反《广东省环境保护条例》的规定下达行政处罚决定书，罚款 5 万元。

2.2　案例二：泉州市某环保科技有限公司伪造自动监控设施运维台账案

案例由来：福建省生态环境厅发布 2023 年第八批典型案例（第三方环保服务机构造假）。

违法事实：2023 年 5 月 15 日，泉州市洛江生态环境局执法人员依法对泉州市某处置中心进行现场检查。执法人员发现该单位的 CEMS 纸质运维台账记录显示，2023 年 5 月 7 日 12:50—13:41 进行过 HCl 的零点和量程漂移校准，执法人员在工控机日志中未查到 5 月 7 日相应时段的校准记录。经调查，该单位委托泉州市某环保科技有限公司对其 CEMS 进行日常运维，该环保公司提供的 2023 年 5 月 7 日 12:50—13:41 时间段标干 O_2 含量、标干烟气温度、标干烟气湿度、标干废气流量、DCS 温度、标干氯化氢实时测量数据，数据列表中未能体现其进行零点校准和量程标气（167 mg/m³）校准，涉嫌虚假运维。

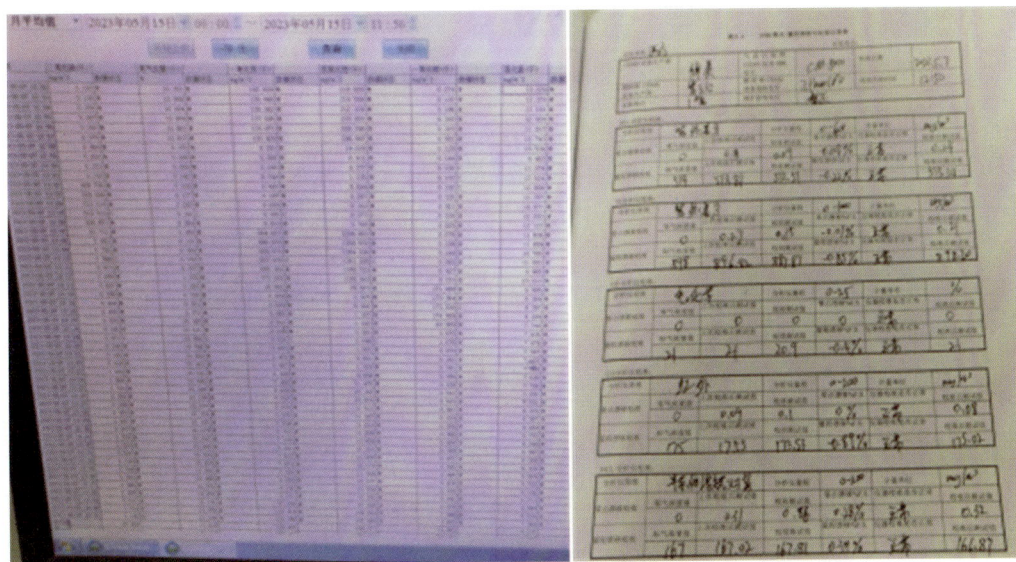

图 2-2　工控机上 2023 年 5 月 7 日 12:50—13:41 标干氯化氢实时测量数据未能体现进行零点校准和量程标气（167 mg/m³）校准，涉嫌伪造运维台账记录

处罚情况：该公司上述行为违反了《福建省生态环境保护条例》第五十八条第三款规定，根据《福建省生态环境保护条例》第七十条的有关规定，泉州市洛江生态环境局依法责令其改正违法行为，并于 2023 年 8 月 14 日对该公司下达行政处罚决定书，对其处以 5.125 万元罚款，并禁止其 3 年内参与政府购买环境检测服务或者政府委托项目。

2.3　案例三：湖南某环保科技有限公司虚假调试验收案

案例由来：湖南省岳阳市汨罗市处罚信息公开。

违法事实：2023 年 8 月 8 日，岳阳市生态环境局汨罗分局现场检查发现，湖南某环保科技有限公司负责湖南某新材料有限公司固定污染源烟气自动监测设备验收工作，生态环境部门现场检查时，该公司提供虚假调试检测报告材料，且湖南某环保科技有限公司运行维护该新材料有限公司污染源自动监测设备时未按照技术规范操作，颗粒物 CEMS 没有设置等速跟踪采样，鼓风机电机频率过低，未开展调试检测，导致自动监控数据失真，未按照规定安装、使用大气污染物排放自动监测设备，在相关生态环境服务活动中存在弄虚作假行为。

处罚情况：该公司上述行为违反了《中华人民共和国大气污染防治法》第二十九条以及第二十四条第一款规定，依据《中华人民共和国大气污染防治法》第九十八条以及第一百条第（三）项的规定，结合《湖南省生态环境保护行政处罚裁量权基准规定》（2021 版）中的相关规定，岳阳市生态环境局于 2023 年 8 月 30 日对该公司下达行政处罚决定书，处以罚款 219 800 元。

2.4　案例四：天津市武清区某能源管理有限公司修改颗粒物量程上限，逃避监管排放大气污染物案

案例由来：生态环境部公布第四批生态环境执法典型案例（自动监控领域）。

违法事实：2021 年 12 月 17 日，根据天津市污染源自动监控平台发现的异常数据线索，天津市生态环境保护综合行政执法总队会同武清区生态环境保护综合行政执法支队对某能源管理有限公司进行现场检查。现场检查时，该公司 2 台燃煤锅炉及配套的污染防治设施正在运行。执法人员现场调取该公司废气自动监测设备相关参数，发现在 2021 年 12 月 7—16 日颗粒物量程上限有修改痕迹。经调查，该公司负责运行脱硫设施和记录自动监测数据的工作人员张某、赵某二人对颗粒物量程上限累计修改 13 次，使颗粒物分钟数值由超标数据变为达标数据。违法证据见图 2-3。

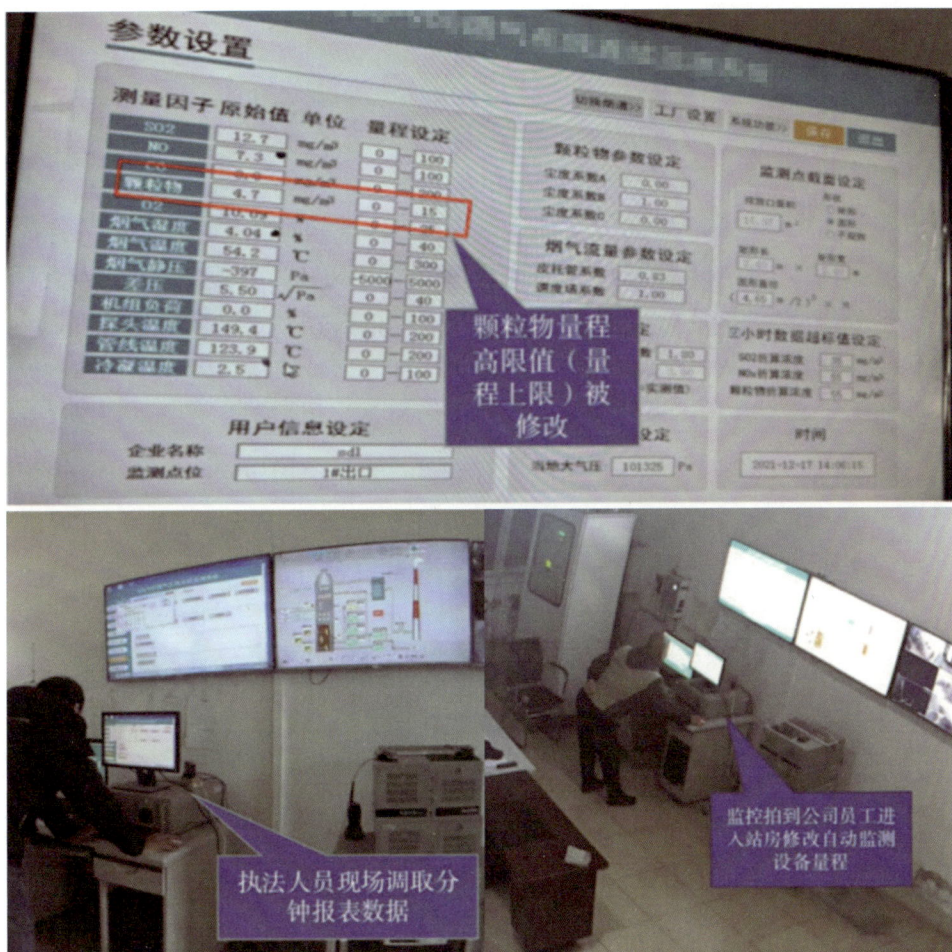

图 2-3　违法行为相关证据

处罚情况：该公司上述行为违反了《中华人民共和国大气污染防治法》第二十条第二款"禁止通过偷排、篡改或者伪造监测数据、以逃避现场检查为目的的临时停产、非紧急情况下开启应急排放通道、不正常运行大气污染防治设施等逃避监管的方式排放大气污染物"的规定。2022 年 3 月 25 日，天津市武清区生态环境局依据《中华人民共和国大气污染防治法》第九十九条第（三）项的规定，对该公司处以罚款 52 万元，并依据《中华人民共和国环境保护法》第六十三条第（三）项、《行政主管部门移送适用行政拘留环境违法案件暂行办法》第六条第（一）项的规定，将案件移送公安机关。目前，该案 2 名涉案人员已实施行政拘留 15 天，当地生态环境局正在依法开展生态环境损害调查工作。

2.5 案例五：河北保定高阳县某染织有限公司替换水样，干扰自动监测设施排放水污染物案

案例由来：生态环境部公布第四批生态环境执法典型案例（自动监控领域）。

违法事实：2021 年 6 月 28 日上午，保定市生态环境局高阳县分局通过查看智能管控监控平台的视频监控系统，发现高阳县某染织有限公司废水排放口处，有人将废水自动监测设备采样管放入一塑料桶内，并向桶内注水。保定市生态环境局高阳县分局立即组织执法人员对高阳县某染织有限公司进行现场调查。经调查证实，2021 年 6 月 27 日 23:20 左右，该公司正在生产，污水处理站员工担心因废水排放口出水水质不达标而受到公司处罚，擅自将自动监测采样探头放入盛有清水的塑料桶内，干扰正常采样、监测，持续时间长达 10 h，导致自动监测数据明显失真（图 2-4）。

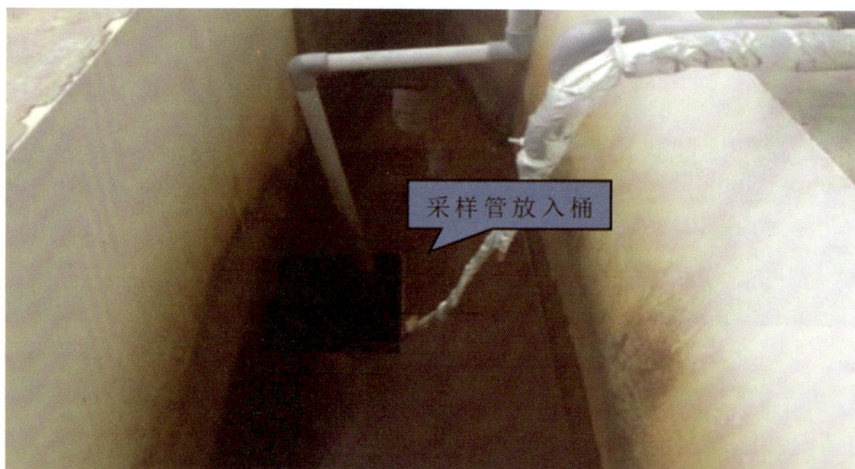

图 2-4 采样环节造假

处罚情况：该公司上述行为违反了《中华人民共和国水污染防治法》第三十九条"禁止利用渗井渗坑、裂隙、溶洞，私设暗管，篡改、伪造监测数据，或者不正常运行水污染防治设施等逃避监管的方式排放水污染物"的规定。2021 年 7 月 19 日，保定市生态环境局依据《中华人民共和国水污染防治法》第八十三条第（三）项、《环境保护主管部门实施限制生产、停产整治办法》第六条第（一）项，参照《保定市生态环境局行政处罚自由裁量权裁量基准（试行）》，责令该公司停产整治，并处罚款 25 万元。2021 年 7 月 23 日，依据《中华人民共和国环境保护法》第六十三条第（三）项、《行政主管部门移送适用行政拘留环境违法案件暂行办法》第六条第（一）项的规定，

将案件移送公安机关。经公安机关进一步调查，发现该公司涉嫌污染环境罪，遂立案侦查。2022 年 1 月 28 日，高阳县人民法院以污染环境罪，对高阳县某染织有限公司判处罚金 50 万元，对 2 名涉案人员分别判处有期徒刑 6 个月、7 个月，并处以罚金 3 万元、5 万元。

2.6 案例六：福建泉州某水泥股份有限公司在烟温探测仪上加装电阻器件，致使自动监测烟气流量、排放量减少案

案例由来：生态环境部公布第四批生态环境执法典型案例（自动监控领域）。

违法事实：2021 年 12 月 7 日，泉州市生态环境局执法人员通过福建省生态云污染源监控管理系统发现，福建省某水泥股份有限公司窑尾烟气烟温于 2021 年 11 月 18 日 10:00 左右出现异常降低，同时各项污染物数据异常。执法人员立即对该公司进行现场检查，通过调阅视频监控录像发现，该公司工作人员分别于 2021 年 11 月 18 日和 12 月 6 日，对窑尾烟气排放连续监测系统上 PT-100 型烟温仪器进行了操作。经调查证实，11 月 18 日该公司中控室主任曾某发现窑尾烟气烟温出现异常后，擅自指使电工李某在烟温探测仪后端传输线路接线板上加装电阻器件，致使该公司自动监测数据失真，烟气流量变小，二氧化硫、氮氧化物等污染物排放量减少，12 月 6 日曾某指使李某拆除该电阻器件。违法加装电阻器监控见图 2-5。

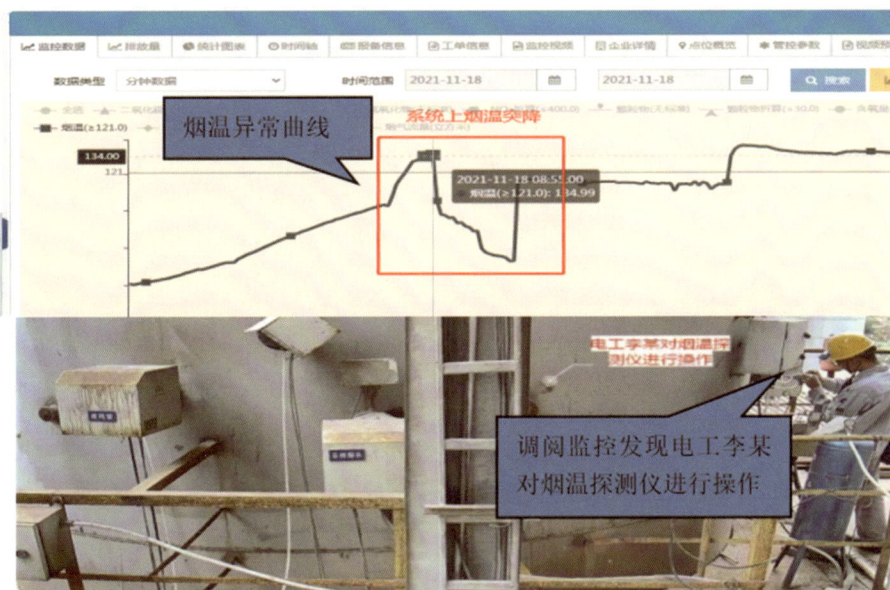

图 2-5 烟温探测仪加装电阻

处罚情况：该公司上述行为属于《福建省生态环境监测数据弄虚作假行为判定及处理实施细则》（闽环保监测〔2019〕3号）第十条第（七）项"篡改监测数据，系指利用某种职务或者工作上的便利条件，故意干预生态环境监测活动的正常开展，导致监测数据失真的行为"规定的情形。2021年12月10日，泉州市德化生态环境局依据《中华人民共和国刑法》第三百三十八条和《最高人民法院　最高人民检察院关于办理环境污染刑事案件适用法律若干问题的解释》第一条第（七）项的规定，将该案件移送公安机关。2022年1月12日，该案已移送检察机关审查起诉。

3 相关法律、法规、规范、标准

污染源监控中心
专题网站

污染源监控
微信服务号